高等学校电子与通信类专业系列教材

U0616997

电路分析实验教程

主编　金　波

主审　张雪英

西安电子科技大学出版社

内 容 简 介

本书论述了电路分析实验的相关知识、实验方法和技巧、仪器设备的使用以及计算机辅助电路分析的方法。

本书共分为三篇。上篇为电路分析实验基础知识，叙述了误差分析与实验数据处理、EWB电路仿真软件及应用、MATLAB基本知识及应用。中篇为电路基础实验，包括电阻电路实验、动态电路实验、正弦交流电路实验和选频电路实验等。下篇为电路的计算机辅助分析，包括EWB仿真实验和MATLAB程序设计实验。

本书适应工科电工电子实验课程体系改革的需要，注重理论知识和实验技能的结合，实做和虚拟的结合，硬件和软件的结合，强调实验内容的综合性、实用性。

本书可作为普通高等院校相关专业本科生、专科生和高等职业教育的教材，也可供有关人员学习参考。

图书在版编目(CIP)数据

电路分析实验教程/金波主编 · —西安：西安电子科技大学出版社，2008.8(2023.8 重印)

ISBN 978 - 7 - 5606 - 2076 - 3

Ⅰ. 电… Ⅱ. 金… Ⅲ. 电路分析—实验—高等学校—教材

Ⅳ. TM133

中国版本图书馆 CIP 数据核字(2008)第 095300 号

责任编辑　雷鸿俊　陈　婷
出版发行　西安电子科技大学出版社(西安市太白南路 2 号)
电　　话　(029)88202421　88201467　　　邮　　编　710071
网　　址　www.xduph.com　　　　　电子信箱　xdupfxb001@163.com
经　　销　新华书店
印刷单位　广东虎彩云印刷有限公司
版　　次　2008 年 8 月第 1 版　2023 年 8 月第 6 次印刷
开　　本　787 毫米×1092 毫米　1/16　印张 13.75
字　　数　322 千字
定　　价　34.00 元
ISBN 978 - 7 - 5606 - 2076 - 3/TM

XDUP 2368011 - 6

＊＊＊如有印装问题可调换＊＊＊

前　言

随着科学技术的不断发展，工业化生产不断呈现复杂性和多样性，新的产业也不断涌现，使得技术人才的需求越来越趋向专业化和个性化。这就给我国当前的高等教育提出了前所未有的挑战。因为，现有高等学校的专业教学计划和人才培养模式基本上还没有完全脱离计划经济时代的框架和模式，教学条件还没有完全达到现代人才培养的基本要求，教学体系、教学内容和教学方法还不能完全适应现代人才培养的需要。特别是电工电子基础课程，这些课程是电气信息学科的基石，历来被教育界所重视。所以，电工电子基础课程和实验教学体系的改革必须尽快进行，以适应我国教育发展的需要。

结合教育部有关文件精神和我校具体情况，我校正在建设国家级的电工电子实验教学示范中心。为此，我们对电工电子基础课程和实验教学体系进行了改革与实践，理顺了课程体系，更新了课程内容，融合了现代教学方法，并取得了良好的成果。长期以来，实验都是作为理论课的辅助教学手段而设置的，其目的是为了验证理论，帮助学生加深对概念的理解。受传统观念的影响，重理论、轻实验的现象在不同的方面表现出来。本书就是在我们几年来对电路分析实验教学改革的基础上编写的。

全书共分为三篇。上篇为电路分析实验基础知识，叙述了误差分析与实验数据处理、EWB 电路仿真软件及应用、MATLAB 基本知识及应用。中篇为电路基础实验，包括电阻电路实验、动态电路实验、正弦交流电路实验和选频电路实验共 16 个实验。下篇为电路的计算机辅助分析，包括 EWB 仿真实验和 MATLAB 程序设计实验。

本书具有以下主要特色：

一、注意理论在实验中的指导作用，强调对实验结果能够做出理论分析和正确解释。除了对电路理论进行验证外，力争使实验内容成为理论课的延伸和扩展。

二、实验内容体现了综合性，即在设计实验内容时，强调对某一类知识的综合应用。所以完成一个实验项目一般需要 4 学时左右。这样使实验项目减少，而每个实验项目内容增多，有利于知识的综合应用。

三、选用 MATLAB 作为辅助电路计算工具，选用 EWB 仿真软件作为电路仿真工具。原因很简单，在国内外的工程课程中，已广泛使用科学计算软件 MATLAB 和仿真软件 EWB，计算机辅助分析、电路仿真、计算机自动化设计也越来越多地处理电路问题。本书在这方面设计了 12 个实验，以帮助学生扩展视野，体现"虚实结合"、"软硬结合"的现代实验方法。

四、注重基本技能、测量方法、实验方法的训练和培养。将常用的仪器设备反复使用在不同的实验项目中，强调仪器为实验内容服务，也就是说为了达到实验目的，合理选用仪器设备的某些功能。

为了便于实验教学，本书可灵活使用。教师可根据本校的情况选取本书中的实验。每个实验项目中的内容也可以根据本校学生的程度、实验时间等选取。对 EWB 仿真实验和

MATLAB 程序设计的内容，如课时受限制，可由学生在课外自己阅读和实践，教师在课外作适当的指导。

　　本书是根据作者在长江大学电信学院多年的电路分析实验教学经验的基础上编写而成的，力图反映近年来电路实验教学改革及实验室建设的成果。参加本书编写的有刘焰（第 2 章和实验 4、6、8、18），蔡昌新（第 1 章），余仕求（实验 10、13），龙从玉（实验 11、14），金波（第 3 章和其余所有实验项目）。本书由金波担任主编并负责全书统稿。

　　本书由太原理工大学张雪英老师审阅，作者在此表示衷心的感谢。

　　由于作者水平有限，书中难免有不妥之处，恳请读者批评指正。

　　主编邮箱：jinbo@yangtzeu.edu.cn，jinbocju@yahoo.com.cn

金波

2008 年 5 月于长江大学

目　录

中篇　电路基础实验

下篇　电路的计算机辅助分析

上 篇

电路分析实验基础知识

第 1 章　误差分析与实验数据处理

本章主要介绍电子测量方法、测量误差的分析以及对实验数据的处理。本书涉及电子测量的基本知识，误差的来源、分类及消除的方法，实验数据的读取、记录、表示和处理。同时，还介绍了电路分析实验的特点、要求。

1.1　测量的基本知识

测量在科学技术和生产实践的任何部门都是非常重要的。科学研究工作经常需要对一些事物进行试验、探测及证明，这些就是一系列的测量实验工作。很难想象，如果没有适当的测量方法和仪器，科技工作者进行复杂的科研和生产实践将是多么地困难。实际上，测量技术的进步会大大提高科技发展的速度；反过来，科技的进步又会给测量理论水平的提高、技术的完善创造良好的条件。

凡是利用电子技术的测量都称为电子测量。它能用在电专业的测量上，例如，对电信号传输特性的测量和电路设备参数的测量。它也能广泛地应用在非电专业的测量上，利用能量转换器件，把非电量转换为电量进行测量研究，尔后得出或反映出非电量的测量结果。

电子测量方法还广泛地用于科技和生产实践的其他领域。这是因为电子测量方法具有精确度和灵敏度高，响应速度极快，频率范围大，容易实现遥控、遥测等智能测量的特点。

现代的电子测量仪器、仪表在技术和性能上已取得非常大的进展，主要是因为测量方法的数字化。数字化测量主要利用微处理器集成电路，使测量获得了极高的精确度，并进入了自动化、智能化阶段。例如，电子计算机和测量仪器相结合，可组成很完美的测量系统。

1.1.1　测量的内容

测量的内容是极其庞大、繁多的，甚至可以说是无所不包的。所以，在此只能对电路测量的内容做一简略的叙述：

(1) 电能量的测量(电流、电压、功率、电磁场强度等)；

(2) 电路参数的测量(电阻、电感、电容、阻抗、品质因数等)；

(3) 信号参数的测量(波形、频率、相位、调制系数、失真度等)；

(4) 设备性能的测量(放大倍数、灵敏度、频带、噪声系数等)；

(5) 器件特性曲线的显示(幅频特性、伏安特性等)。

1.1.2　测量的分类

在测量时，利用测量仪器和设备，可以采用各种不同的测量方法，所有这些测量方法可以归纳为两大类，即直接测量和间接测量。

1. 直接测量

能够用测量仪器仪表直接获得测量结果的测量方式称为直接测量。在这种方式下，测量结果是将被测量与标准量直接比较，或者是通过使用事先刻好刻度的仪表获得的。采用这种方法，测量结果可以由一次测量的实验数据得到。例如，用直流电桥测量电阻，用电压表测量电压等。

2. 间接测量

若被测量与几个物理量存在某种函数关系，则可通过直接测量得到这几个物理量的值，再由函数关系计算出被测量的数值，这种测量方式称为间接测量。例如，伏安法测电阻，先用电压表、电流表测出电压和电流值，然后由欧姆定律 $R=U/I$ 算出电阻值，这一测量过程就属于间接测量。间接测量的测量目的与测量对象不一致。

直接测量法简单常用，是间接测量法的基础。间接测量法是当被测的量不能或不方便直接测量时，或者当用间接法会得出比直接法更为精确的结果时才采用的。

1.2　测量误差的基本概念

在做测量实验之后，不可缺少地要对测量所得数据进行处理和做误差分析。所以，测量实验人员必须了解和掌握：如何对测量数据进行整理、统计、计算或绘制曲线；并且能够对测量误差做出分析，了解误差的原因和特性，评定数据的可靠度，确定测量误差的正确表示法等。

1.2.1　测量误差的定义及基本表示法

在测量过程中，总是尽力想找出被测量的真实值，但由于测量仪器本身的不精确，测量方法的不完善，测量条件的不稳定，以及人员操作的失误等原因，都会使测量值和真实值有差异，这就造成测量误差。测量误差通常可分为绝对误差和相对误差两种。

1. 绝对误差

绝对误差可以表示为

$$\Delta x = x - x_0 \tag{1.1}$$

其中，Δx 为绝对误差；x 为测量值；x_0 为真实值。

绝对误差 Δx 为正（负），表示测量值大（小）于真实值。事实上，由于微观量值的不确定性，绝对的真实值是不可测知的，所以上式中的真实值 x_0 总是用更高一级的标准仪表的测量值来代替。

2. 相对误差

绝对误差的表示方法有它的不足之处，这就是它往往不能确切地反映测量准确程度的原因。例如，测量两个频率，其中一个频率 $f_1=1000$ Hz，其绝对误差 $\Delta f=1$ Hz；另一个频率 $f_2=1\,000\,000$ Hz，其绝对误差 $\Delta f_2=10$ Hz，尽管 Δf_2 大于 Δf_1，但是我们并不能因此得出 f_1 的测量较 f_2 准确的结论。恰恰相反，f_1 的测量误差对 $f_1=1000$ Hz 来讲占 0.1%，而 f_2 的测量误差仅占 $f_2=1\,000\,000$ Hz 的 0.001%。因而，为了弥补绝对误差的不足，又提出了相对误差的概念。

所谓相对误差，是指绝对误差与真实值的比值，通常用百分数表示。若用 γ 表示相对误差，则

$$\gamma = \frac{\Delta x}{x_0} \times 100\% \tag{1.2}$$

如上述 f_1 的测量相对误差为 0.1%，而 f_2 的测量相对误差为 0.001%。相对误差是一个只有大小和符号，而没有单位的量。

有时一个仪器的准确程度，可以用误差的绝对形式和相对形式共同表示。例如，某脉冲信号发生器输出脉冲宽度的误差表示为 $\pm 10\% \pm 0.025\ \mu s$。也就是说，该脉冲发生器的脉宽误差由两部分组成，第一部分为输出脉宽的 $\pm 10\%$，这是误差中的相对部分；第二部分 $\pm 0.025\ \mu s$ 与输出脉宽无关，这可看成误差中的绝对部分。显然当输出窄脉冲时，误差的绝对部分起主要作用，当输出宽脉冲时，误差的相对部分起主要作用。

常用电工仪表分为 ± 0.1、± 0.2、± 0.5、± 1.0、± 1.5、± 2.5、± 5.0 七级，分别表示它们引用相对误差所不超过的百分比。

1.2.2　误差的来源和分类

1. 误差来源

误差的主要来源包括：

（1）仪器误差。仪器误差是由于仪器本身的电器和机械性能不完善所产生的误差。

（2）使用误差。使用误差是指人们在使用仪器的过程中出现的误差。例如，安装、调节和使用不当等造成的误差。

（3）环境影响误差。环境影响误差是指测量过程受到温度、湿度、电磁场、机械振动、声、光等的影响所造成的误差。

（4）方法误差。方法误差是指使用的测量方法不完善或理论不严密所造成的误差。

2. 误差的分类

误差通常分为三大类：粗大误差、系统误差和随机误差。

（1）粗大误差。粗大误差是由于测量人员的粗心或测量条件发生突变引起的误差。其量值与正常值明显不同。例如，实验时读取数有错误，记录有错误。含有粗大误差的量值常称为坏值或异常值。应当根据统计方法的某些准则，判断出数据中哪些是必须消除的坏值。

（2）系统误差。系统误差是由仪器的固有误差、测量工作条件、人员的技能等整个测量系统引入的有规律的误差。对于系统误差，可以用改进测量方法，用标准仪表进行校正，采取措施改善测量条件等办法来减小或消除。常用 $x \pm \Delta$ 表示由系统误差造成的测量误差。其中，x 是测量的结果值；Δ 是误差极限（边界）；$\pm \Delta$ 是误差的范围。

一般来说，当测量实验的条件确定后，系统误差就是恒定值。当条件改变时，系统误差也随之改变。然而，可以尽力找出误差源，进行校正改善，或者采用另一种适当的测量方法，削弱或基本消除系统造成的误差。削弱系统误差的方法一般有零示法、替代法、交换法、补偿法、微差法。

（3）随机误差。随机误差又称为偶然误差。在相同的条件下，多次重复测量同一个量，各次测量的误差时大时小、时正时负、杂乱地变化，这就是随机误差。人们无法校正和消

除这种误差。

　　虽然随机误差不可预测，变化杂乱，但从多次重复测量中可以发现这些误差的总体服从一种统计规律。从其统计规律中能找出这种误差的分布特性，并能对测量结果的可靠性做出评估。

1.2.3　评定测量结果

　　通常用准确度、精密度和精确度来说明测量结果。

　　（1）准确度。准确度说明测量值与真实值的接近程度，反映出系统误差的大小。一般地，准确度是事物与要达到的效果的吻合程度。例如，钟表时间与标准时间的吻合程度。

　　（2）精密度。精密度一般是指某事物的完善、精致和细密程度。说一个仪表很精密，是指它的设计和构造精巧、严密和考虑周到。精密度和准确度有相对的独立性。例如，一个精密的钟表如果不与标准时间校对，就可能不准确。

　　在测量学中，用准确度说明系统误差的大小，用精密度说明随机误差的大小。系统误差小的测量准确度必然高。对同一个量进行多次重复测量，如果各次测量数据互相接近而集中，则表明随机误差小、精密度高。

　　（3）精确度。精确度是精密度和准确度的总称。

1.3　工程测量误差的估计

　　在间接测量时，最大相对误差可以采用以下公式计算。

1. 被测量为几个量的和

　　设被测量为

$$y = x_1 + x_2 + x_3$$

各个量的变化 Δy，Δx_1，Δx_2，Δx_3 之间存在下述关系：

$$\Delta y = \Delta x_1 + \Delta x_2 + \Delta x_3$$

若将各个量的变化量看做绝对误差，则相对误差为

$$\frac{\Delta y}{y} = \frac{\Delta x_1}{y} + \frac{\Delta x_2}{y} + \frac{\Delta x_3}{y}$$

被测量的最大相对误差应出现在各个量的相对误差均为同一符号的情况下，并用 γ_y 表示，则

$$\gamma_y = \left|\frac{\Delta x_1}{y}\right| + \left|\frac{\Delta x_2}{y}\right| + \left|\frac{\Delta x_3}{y}\right| = \left|\frac{x_1}{y}\gamma_1\right| + \left|\frac{x_2}{y}\gamma_2\right| + \left|\frac{x_3}{y}\gamma_3\right| \tag{1.3}$$

其中，$\gamma_1 = \frac{\Delta x_1}{x_1}$，$\gamma_2 = \frac{\Delta x_2}{x_2}$，$\gamma_3 = \frac{\Delta x_3}{x_3}$ 分别为 x_1、x_2、x_3 各个量的相对误差。

　　由以上可以看出数值较大的量对和的相对误差影响较大。

2. 被测量为两个量的差

　　设被测量为

$$y = x_1 - x_2$$

若从最不利的情况考虑，关于最大相对误差，可以推导得出同样结果。

$$\gamma_y = \left| \frac{x_1}{y} \gamma_1 \right| + \left| \frac{x_2}{y} \gamma_2 \right| \tag{1.4}$$

当 x_1 与 x_2 的数值非常接近时，即使各个量的相对误差很小，被测量的相对误差也可能很大，所以这种测量应该尽量避免。

例如，如果按图 1.1(a) 所示的连接方法测得等效电感为 L'，而按图 1.1(b) 所示的连接方法测得等效电感为 L''，则根据电路理论，两线圈之间的互感应为

$$M = \left| \frac{L' - L''}{4} \right|$$

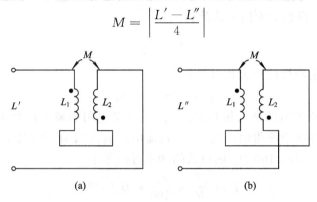

图 1.1　用顺接和反接测量线圈的互感

（a）互感的顺接；（b）互感的反接

设用电桥测出

$$L' = 1.20 \text{ mH}, \quad L'' = 1.15 \text{ mH}$$

又已知两次测量的精度均为 $\pm 0.5\%$，则由上式可得

$$M = \frac{1.20 - 1.15}{4} = \frac{0.05}{4} = 0.0125 \text{ mH}$$

由式(1.4)可得

$$\gamma_M = \left| \frac{L'}{M} \gamma_{L'} \right| + \left| \frac{L''}{M} \gamma_{L''} \right| = \frac{1.20}{0.0125} \times 0.5\% + \frac{1.15}{0.0125} \times 0.5\% = 94\%$$

显然，这样的测量结果是没有价值的。

如果 L' 和 L'' 的数值相差很大，例如在上述测量中，若 $L' = 1.72$ mH，$L'' = 0.12$ mH，则

$$M = \frac{1.72 - 0.12}{4} = \frac{1.60}{4} = 0.40 \text{ mH}$$

由式(1.4)可得

$$\gamma_M = \left| \frac{L'}{M} \gamma_{L'} \right| + \left| \frac{L''}{M} \gamma_{L''} \right| = \frac{1.72}{0.4} \times 0.5\% + \frac{0.12}{0.4} \times 0.5\% = 2.3\%$$

在这种情况下，所得出的测量误差一般在工程上是容许的。

3. 被测量等于多个量的积或商

设被测量为

$$y = x_1^n + x_2^m$$

对上式取对数得

$$\ln y = n \ln x_1 + m \ln x_2$$

再微分得

2. 测量结果的完整填写

在电路实验中，最终的测量结果通常由测得值和相应的误差共同表示。这里的误差是指仪表在相应量程时的最大绝对误差。

假设仪表的准确度等级为 0.3 级，则在 150 V 量程时的最大绝对误差为 $\Delta U_m = \pm\alpha\% \cdot U_m = \pm 0.3\% \times 150\ \text{V} = \pm 0.45\ \text{V}$。在工程测量中，误差的有效数字一般只取一位，并采用的是"进位法"，即只要有效数字后面应予舍弃的数字是 1～9 中的任何一个时，都应进一位，这时的 ΔU 应取为 $\pm 0.5\ \text{V}$。

注意，在测量结果的最后表示中，测得值的有效数字的位数取决于测量结果的误差，即测得值的有效数字的末位数与测量误差的末位数是同一个数位。

1.5.2　测量数据的整理

对在实验中所记录的测量原始数据，通常还需加以整理，以便于进一步的分析，作出合理的评估，给出切合实际的结论。

1. 数据的排列

为了分析计算的便利，应将原始实验数据按一定的顺序排列。当数据量较大时，这种排序工作可由计算机完成。

2. 坏值的剔除

在测量数据中，有时会出现偏差较大的测量值，这种数据被称为离群值。离群值可分为两类：一类是因为粗大误差而产生的，或是因为随机误差过大而超过了给定的误差界限而产生的，这类数据为异常值，属于坏值，应予剔除；另一类是因为随机误差较大而产生的，未超过规定的误差界限，这类测量值属于极值，应予保留。

3. 数据的补充

在测量数据的处理过程中，有时会遇到缺损的数据，或者需要知道测量范围内未测出的中间数值，这时可采用插值法(也称内插法)计算出这些数据。

获取的实验数据在整理后应以适当的形式表示出来，基本的要求是简洁、直观，便于阅读、比较和分析计算。

1.6　电路分析实验的基本要求

电路分析实验课程的基本要求是，将电路分析基础课程的理论与实践有机结合起来，加强学生实验基本技能的训练。学习常用电工测量仪表的基本原理和使用方法；了解测量误差，测量数据的处理方法；掌握基本电工测试技术，虚拟实验和系统仿真技术，并能用 MATLAB 对电路的常见问题进行分析。通过实验使学生能更好地理解和掌握电路分析的基本理论，培养学生理论联系实际的学风和科学态度，提高学生的实验技能和分析处理实际问题的能力。

1. 电路分析实验的规则

为了顺利完成实验任务，确保人身、设备安全，实验时应遵守必要的实验规则。

（1）实验前必须认真预习，完成指定的预习任务。

（2）使用仪器设备前，应熟悉其性能、操作方法的注意事项。

（3）由于本实验课程自始至终都要与电打交道，因此必须对用电安全予以特别的重视，切实防止发生人身和设备的安全事故。

（4）服从教师的管理，未经许可不得做与本实验无关的事情（包括其他实验），不得动用与本实验无关的设备。

（5）实验结束后，应及时拉闸断电，整理仪器设备，填写设备完好登记本。

2. 电路分析实验教学方式

（1）本课程的教学方式。本课程的教学与"电路分析基础"理论课同步进行。实验分四个单元进行，即电阻电路实验、动态电路实验、正弦交流电路实验和计算机仿真实验与计算。在各单元的若干个实验中，一部分为必做内容，一部分为选做内容。选做实验可在实验课中进行，也可在实验室开放时间内完成。

（2）学习成绩评定方法。本课程的学习成绩由平时成绩、笔试成绩和实验操作成绩三部分构成。

① 平时成绩的评定依据是各次实验后完成的实验报告。

② 笔试的内容主要是各单元理论课讲授的知识。

③ 实验操作考试的一般形式是：给定某个实验任务，由学生自主独立地完成该项实验。

（3）实验报告。实验报告是实验工作的全面总结，也是工程技术报告的模拟训练。要用简明的形式将实验的过程和结果完整、真实地表达出来。实验报告的基本要求是文理通顺，简明扼要，书写工整，图表规范，分析合理，讨论深入，结论正确。

（4）实验课的进行方式。实验课通常分为课前预习、进行实验和课后完成实验报告三个阶段。

课前预习是实验课的准备阶段。预习是否充分关系到实验能否顺利进行及能否收到预期效果的问题，因此，课前预习必须予以强调，引起重视。

进行实验时，学生须在指定的时间到实验室完成实验，实验过程中应遵守操作规程和实验室的有关规定。

实验后按前述的格式和要求在规定的时间内完成实验报告。实验报告是学生平时成绩的重要依据。

3. 电路分析实验报告的编写

实验报告是对实验全过程的陈述和总结。通过编写实验报告，将书本的理论知识与实验结果相互配合，加深对理论基础的理解。同时，找出理论分析与实验结果的差异，特别是通过实验方法的改进，培养学生的工程实践能力和独立思考能力。

电路分析实验报告分为三个部分。

（1）预习报告。实验预习报告用于描述实验前的准备情况，避免实验中的盲目性。预习报告中应该包含实验目的、实验原理、测试方案。

（2）测试报告。测试报告通常包括实验原始记录及整理、实验步骤、实验故障及排除。

（3）总结报告。总结报告对实验结果进行分析、总结，主要包括误差分析、实验结论、实验中的心得体会。

第 2 章　EWB 电路仿真软件简介

　　EWB 是 Electronics Workbench(电子工作平台)的简称,是加拿大 Interactive Image Technologies 公司于 1988 年推出的一种电子设计、电路仿真软件。它采用原理图输入方式,为设计者提供了各种常用的电子元器件、测量仪器和分析工具,是目前应用较广泛的一种 EDA 软件。

2.1　EWB 的元器件

2.1.1　EWB 的主窗口

　　点击图标 　　　　　就会出现如图 2.1 所示的 EWB 主窗口。

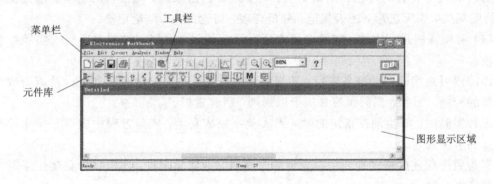

图 2.1　EWB 主窗口

　　(1)菜单栏包含 File、Edit、Circuit、Analysis、Window 和 Help 六个下拉式菜单。

　　File:创建新文件,打开文件,保存文件,导入/导出文件,打印设置与打印等。

　　Edit:对图中的元件进行剪切、拷贝、粘贴、删除,并可将整个电路图拷贝为 bmp 图形输出。

　　Circuit:对图中各元件的摆放位置进行旋转,对元件参数的显示方式进行调整。

　　Analysis:EWB 的所有电路分析功能都集中在此菜单下,下文将对其主要功能进行介绍。

　　Window:对界面的显示方式进行调整。

　　Help:EWB 的联机帮助。

　　(2)工具栏提供一些常用功能的快捷按钮,每个快捷按钮都和菜单栏中的某一项相对应。

（3）元件库包含了 EWB 软件所能提供的所有元件，用以进行分析的电路图就是从这些元件库中选出合适的元件连接而成的。最左端的一个元件库是用户定制的，可以将一些常用元件放置其中，再次使用时就不必到其他元件库中去逐个寻找。方法是在 EWB 提供的元件库中找出想要的元件，鼠标放置其上按右键，选中"Add to Favorites"，此元件就被加入到了最左端的"Favorites"元件库中。

（4）用户在图形显示区域内编辑进行分析的电路图。

2.1.2　元器件库

EWB 有 12 个元器件库，分别是电源库、基本元件库、二极管库、晶体管库、模拟集成电路库、混合集成电路库、数字集成电路库、逻辑门库、数字器件库、指示器件库、控制器件库、其他器件库，如图 2.2 所示。

图 2.2　EWB 的元器件库

（1）电源库包括地、直流电压源、直流电流源、交流电压源、交流电流源、电压控制电压源、电压控制电流源、电流控制电压源、电流控制电流源、Vcc、Vdd、时钟、AM、FM、压控正弦波、压控三角波、压控方波、压控单稳态脉冲、分段线性源、压控分段线性源、频移键控源、多项式源和非线性受控源，如图 2.3 所示。

图 2.3　电源库图标

（2）基本元件库包括连接点、电阻、电容、电感、变压器、继电器、开关、时延开关、压控开关、电流控制开关、上拉电阻、可变电阻、排电阻、压控模拟开关、极性电容、可变电容、可变电感、无芯线圈、磁芯线圈和非线性变压器，如图 2.4 所示。

图 2.4　基本元件库图标

（3）二极管库包括普通二极管、稳压二极管、发光二极管、整流桥、肖特基二极管、可控硅二极管、双向稳压二极管和双向可控硅二极管，如图 2.5 所示。

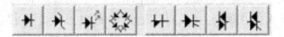

图 2.5　二极管库图标

（4）指示器件库包括电压表、电流表、灯泡、逻辑指示探针、七段数码显示器、译码显示器、蜂鸣器、条码显示器和译码条码显示器，如图 2.6 所示。

图 2.6　指示器件库图标

所谓元器件的放置就是用鼠标单击某一元件库的图标，然后在展开的元件库中选择所需元器件，用鼠标将该元器件拖至工作区。

2.1.3　元器件属性的设置

用鼠标双击需要进行属性设置的元器件，则会出现元器件属性的设置对话框，在对话框中进行属性设置。如设置电容的容值为 $2\ \mu F$，标号设为 C2。如图 2.7 所示电容容值的设置，双击电容"$\frac{1\ \mu F}{}$"，出现电容属性设置对话框，在 Value 标签下的 Capacitance(C)的框中输入 2，在单位框中选择。如图 2.8 所示电容标号的设置，在 Label 标签下的 Label 框中输入 C2。其他元器件设置按此方法进行。

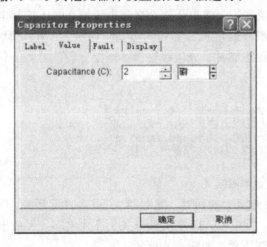

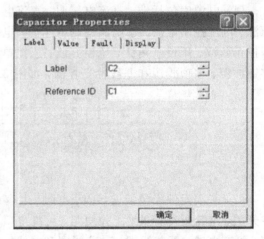

图 2.7　元件参数设置　　　　　　　　图 2.8　元件标识设置

2.1.4　元器件位置与方向的调整

（1）位置调整：用鼠标单击元器件，拖动鼠标至合适位置即可。

（2）方向调整：用鼠标选中某个元器件（多个也行），单击工具栏中按钮 ▲、 ▲、 ◀（分别为旋转按钮、水平按钮、垂直按钮），可调整元器件的方向。

2.1.5　元器件的连接

将光标移近某个元器件的连接点时，该连接点处会出现一个黑点。此时按住鼠标左键，移动光标到另一个元器件的连接点上，在此连接点处出现另一个黑点时放开鼠标，两个连接点就连好了。

2.2　EWB 的虚拟仪器

与实物实验室一样，电子测试仪器仪表也是 EWB 虚拟实验室的基本设备。EWB 提供了种类齐全的测试仪器仪表，包括交直流电压表、交直流电流表、万用表、信号发生器、示波器、频率特性仪、字信号发生器、逻辑分析仪、逻辑转换仪等。这些仪器仪表中的交直流电压表和交直流电流表(在指示器件库中)，可以像一般元器件一样，不受数量限制，在同一个工作台上可以同时提供多台使用。其他仪器在工具栏 🔲 中，只能提供一台使用。在工具栏中 🔲 按钮是仪器库的调用按钮，用鼠标单击后即可出现展开的仪器库按钮图标，如图 2.9 所示，选中所需仪器，用鼠标将该元器件拖至工作区。

图 2.9　虚拟仪器图标

1. 交直流电压表、交直流电流表

1) 电压(流)表的调出

单击工具栏中 🔲 调出电压(流)表，用鼠标将该表拖至工作区，如图 2.10 所示。

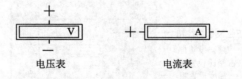

图 2.10　电压表和电流表图标

2) 电压(流)表的属性设置

电压表和电流表的交(直)流及内阻设置如图 2.11 所示。在 Value 栏中的 Resistance (R)是内阻设置，一般电压表取大电阻，电流表取小电阻。

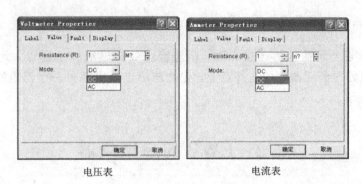

电压表　　　　　　　　　　　　　　电流表

图 2.11　电压表和电流表的设置

2. 万用表(Multimeter)

万用表是一种自动调整量程的数字显示测量结果的多用表。它可以用来测量交直流电压、交直流电流、电阻及电路中两点之间的分贝损耗。其图标及面板如图 2.12 所示。

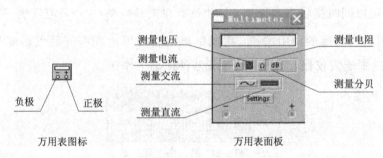

万用表图标　　　　　　　　　　　　万用表面板

图 2.12　万用表的图标和面板

3. 信号发生器(Function Generator)

信号发生器是一种电压信号源,可提供正弦波、三角波、方波三种不同波形的信号。

双击信号发生器的图标,可设定函数发生器的输出波形、工作频率、占空比、幅度和直流偏置,频率设置范围为 1 Hz~999 MHz;占空比调整值范围为 1%~99%;幅度设置范围为 1 V~999 kV;直流偏置设置范围为-999~999 kV。信号发生器共有正极、负极和公共端三个连接点,一般采用正极与公共端或者负极与公共端为输出的连接方式。信号发生器的图标及面板如图 2.13 所示。

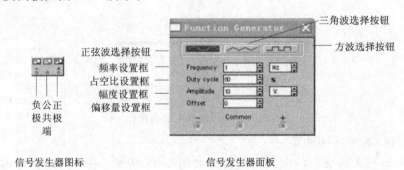

信号发生器图标　　　　　　　　　　信号发生器面板

图 2.13　信号发生器的图标和面板

4. 示波器(Oscilloscope)

示波器用来显示和测量电信号波形的形状、大小、频率等。其图标及面板如图 2.14 所示。

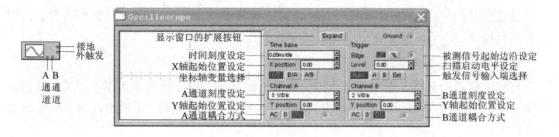

图 2.14　示波器的图标和面板

1) 时基的设置

Time base 用来设置 X 轴时间基线扫描速度,调节范围为 0.10 ns/div~1 s/div。

显示方式选择:示波器的显示方式可以在"幅度/时间(Y/T)"、"A 通道/B 通道(A/B)"或"B 通道/A 通道(B/A)"之间选择,其中 Y/T 方式表示 X 轴显示时间,Y 轴显示电压值,A/B、B/A 方式表示 X 轴与 Y 轴都显示电压值,如显示李沙育图形、伏安特性、传输特性等。

2) 输入通道的设置

Y 轴电压刻度范围为 10 μV/div~5 kV/div,根据输入信号大小来选择 Y 轴刻度值的大小,使信号波形在示波器显示屏上显示出合适的幅度。

Y 轴输入方式即信号输入的耦合方式与实际的示波器相同。

3) 显示窗口的扩展

用鼠标单击面板上的"Expand"按钮,示波器显示屏扩展,并将控制面板移到显示屏下方。若要显示波形读数的精确值时,可将垂直光标拖到需要读取数据的位置,在显示屏幕下方的方框内,显示光标与波形垂直相交处的时间和电压值,以及两点之间时间、电压的差值。

单击面板右下角处的"Reduce"按钮,可缩小示波器面板至原来大小。单击"Reverse"按钮可改变示波器屏幕的背景颜色。单击"Save"按钮可按 ASCII 码格式存储波形读数。

5. 频率特性仪(Bode Plotter,亦称波特仪)

频率特性用来测量和显示电路的幅频特性和相频特性,工作频率在 0.001 Hz~10 GHz 范围内。扫频仪有 IN 和 OUT 两对端口,V+和 V−分别接电路输入端或输出端的正端和地。使用频率特性时,必须在电路的输入端接入交流信号源。其图标和面板如图 2.15 所示。

图 2.15　波特仪的图标和面板

2.3　EWB 的基本分析方法

通过 EWB 的"Analysis"菜单可以实现对所编辑的电路进行电路分析类型设置、调用仿真运行程序等。下面简要介绍电路仿真实验中常用的命令。

1. 直流工作点分析

直流工作点的分析是对电路进行进一步分析的基础。在分析直流工作点之前,要选择"Circuit"菜单下"Schematic Option"中"Show node"(显示节点)项,以把电路的节点号显示在电路上。

如图 2.16 的电路,EWB 用节点法计算的结果用弹出的图表显示,与理论计算相同。

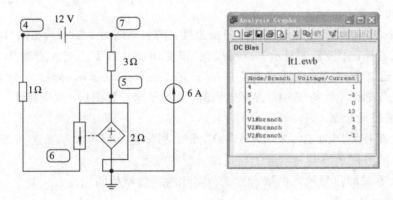

图 2.16　电路的直流分析

2. 交流频率分析

交流频率分析是分析电路的频率特性。需先选定被分析的电路的节点,在分析时,电路的直流源将自动置零,交流信号源、电容、电感等均处于交流模式,输入信号也设定为正弦波形式。如图 2.17 所示的 *RLC* 串联 Analysis 电路,创建电路后,执行"AC Frequency"命令,弹出的对话框如图 2.18 所示。其中,Sweep type 提供了三种不同的 AC 扫描方式,选中 Linear 表示直线扫描;选择好开始频率(Start frequency)、终止频率(End frequency)、扫描点数(Number of points);Vertical scale 表示输出图形纵坐标标尺;最后选择要分析的节点。单击"Simulate"按钮,弹出 EWB 计算绘制的频率特性图表,如图 2.19 所示。

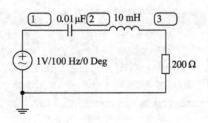

图 2.17　*RLC* 串联电路

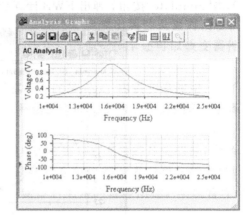

图 2.18　"AC Frequency Analysis"对话框　　　图 2.19　电路的交流频率分析

3. 瞬态分析

瞬态分析观察所选定的节点在整个显示周期中每一时刻的电压波形。在进行瞬态分析时,直流电源保持常数,交流信号源随着时间而改变,电容和电感都是储能元件。如图2.20所示的 *RLC* 串联电路,创建电路后,执行"Transient"命令,弹出的对话框如图2.21所示。其中,提供了三种初始值,选择好开始时间、终止时间、步长。最后选择要分析的节点。

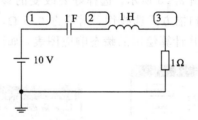

图 2.20　*RLC* 串联电路

图 2.21　"Transient Analysis"对话框

2.4.2　戴维南定理的验证

EBW 除了可用电压表、电流表、示波器和频谱仪等虚拟仪器测量电量外，还可以对电路进行多种分析。为了验证戴维南定理，选择"Analysis"中的"Parameter Sweep"项，即分析参数的变化。下面以图 2.27 电路为例，用 EWB 的这一功能验证戴维南等效电路。

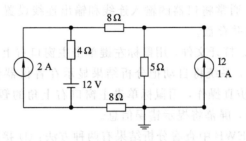

图 2.27　验证戴维南定理的电路

首先创建电路，并在输出端接上电流源，用"I2"标识。由于 EWB 采用的是节点分析，因此选参考节点(接地点)。电路图创建完成后，单击"Analysis"中的"Parameter Sweep"项，会弹出如图 2.28(a)所示的对话框。要变化的的元件是"I2"，参数是电流"Current"，变化范围是 0～2 A，电流增加方式选线性"Linear"，间隔是 0.1A，输出节点编号为 8。

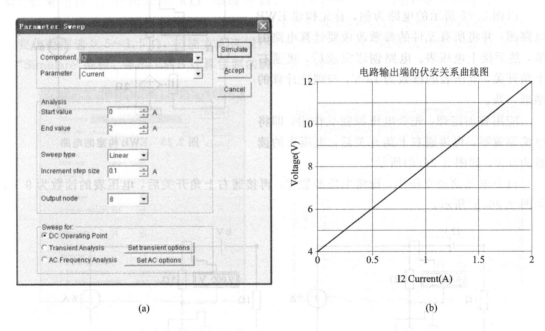

(a)　　　　　　　　　　　　　　　　　　　(b)

图 2.28　参数设置和输出的伏安特性

设置完成后，单击如图 2.28(a)所示的对话框右上角"Simulate"按钮开始仿真，就会显示如图 2.28(b)所示的伏安关系曲线图。从这个图中，可以获得戴维南等效电路的两个参数。

当 I2 为零时，即开路电压，因此

$$U_{OC} = 4 \text{ V}$$

等效电阻就是伏安曲线的斜率，即

$$R_0 = \frac{12-4}{2} = 4 \ \Omega$$

这与理论计算完全一致。

2.4.3　电容元件的伏安关系

运行 EWB，创建如图 2.29 所示的电路。电容 $C=0.1 \ \mu F$，选取并设置信号发生器参数，选择正弦波，频率 $f=1 \ kHz$，振幅为 5 V，为了测量电流，选取样电阻为 1 Ω，如图 2.30 所示。

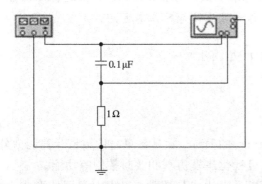

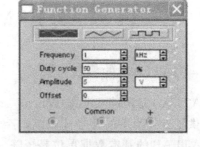

图 2.29　EWB 创建的测量电路　　　　图 2.30　设置信号源为正弦波

打开右上角的开关，然后关上或暂停。调节好示波器横轴（时间）和纵轴（幅度），以能比较清楚地显示波形为止，如图 2.31 所示。

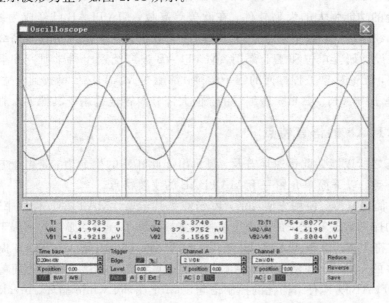

图 2.31　示波器显示的 u_C 和 i_C 的波形

从图 2.31 中可知，两正弦波相差 90°，A 通道测量的是 u_C，用游标尺量出幅度为 4.9947 V。B 通道测量的是 i_C，用游标尺量出幅度为 3.1565 mV（取样电阻上的电压）。与理论计算结果一致。

第 3 章　MATLAB 基本知识

本章主要介绍科学计算软件 MATLAB 的基本知识，包括 MATLAB 概述、MATLAB 的基本运算和函数、基本绘图方法、字符串操作和程序设计的基本方法。

3.1　MATLAB 概述

3.1.1　MATLAB 的概况

MATLAB 是矩阵实验室(Matrix Laboratory)的简称。除具备卓越的数值计算能力外，它还提供了专业水平的符号计算、文字处理、可视化建模仿真和实时控制等功能。

MATLAB 的基本数据单位是矩阵，它的指令表达式与数学、工程中常用的形式十分相似，故用 MATLAB 来解算问题要比用 C、FORTRAN 等语言完成相同的事情简捷得多。

时至今日，经过 MathWorks 公司的不断完善，MATLAB 已经发展成为适合多学科，多种工作平台的功能强大的大型软件。在欧美等高校，MATLAB 已经成为线性代数、自动控制理论、数理统计、数字信号处理、时间序列分析、动态系统仿真等高级课程的基本教学工具。在设计研究单位和工业部门，MATLAB 被广泛用于科学研究和解决各种具体问题。可以说，无论从事工程方面的哪个学科，都能在 MATLAB 里找到合适的功能。

本章是基于 MATLAB 6.5 版编写的，但大部分内容也适用于其他 6.x 版。

3.1.2　MATLAB 的语言特点

一种语言之所以能如此迅速地普及，显示出如此旺盛的生命力，是由于它有着不同于其他语言的特点，以下简单介绍一下 MATLAB 的主要特点。

(1) 语言简洁紧凑，使用方便灵活，库函数极其丰富。MATLAB 程序书写形式自由，利用其丰富的库函数避开繁杂的子程序编程任务，压缩了一切不必要的编程工作。

(2) 运算符丰富。由于 MATLAB 是用 C 语言编写的，因此 MATLAB 提供了和 C 语言几乎一样多的运算符，灵活使用 MATLAB 的运算符将使程序变得极为简单。

(3) MATLAB 既具有结构化的控制语句(如 for 循环、while 循环、break 语句和 if 语句)，又有面向对象编程的特性。

(4) 程序限制不严格，程序设计自由度大。例如，在 MATLAB 里，用户无需对矩阵预定义就可使用。

（5）MATLAB 的图形功能强大。在 FORTRAN 和 C 语言里，绘图比较困难，但在 MATLAB 里，数据的可视化非常简单。MATLAB 还具有较强的编辑图形界面的能力。

（6）功能强大的工具箱是 MATLAB 的另一特色。MATLAB 包含两个部分：核心部分和各种可选的工具箱。核心部分中有数百个核心内部函数。其工具箱又分为功能性工具箱和学科性工具箱两类。功能性工具箱主要用来扩充其符号计算功能、图示建模仿真功能、文字处理功能，以及与硬件实时交互功能。功能性工具箱用于多种学科，其专业性较强，如 control toolbox、signl proceessing toolbox、commumnication toolbox 等。

（7）源程序的开放性。开放性也许是 MATLAB 最受人们欢迎的特点。除内部函数以外，所有 MATLAB 的核心文件和工具箱文件都是可读可改的源文件，用户可通过对源文件的修改以及加入自己的文件构成新的工具箱。

（8）MATLAB 的缺点是，它和其他高级程序相比，程序的执行速度较慢。这是因为 MATLAB 的程序不用编译等预处理，也不生成可执行文件，程序为解释执行。

3.1.3　MATLAB 的工作环境

1. 命令窗口

点击桌面上的 MATLAB 图标，进入 MATLAB 后，就可看到命令窗口（Command Window）。命令窗口是与 MATLAB 编译器连接的主窗口，当其中显示符号"＞＞"时，就代表系统已处于准备接受命令的状态。它用于输入 MATLAB 命令，并显示计算结果，如图 3.1 所示。

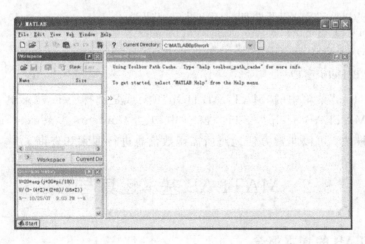

图 3.1　MATLAB 的界面

2. 图形窗口

通常，只要执行了任一种绘图命令，就会自动产生图形窗口。以后的绘图都在这一个图形窗口中进行。如果想再建一个或几个图形窗口，则可键入 figure，MATLAB 会新建一个图形窗口，并自动给它依次排序。如果要人为规定新图为 3，则可键入 figure(3)。

3. 文本编辑窗口

用 MATLAB 计算有两种方式，一种是直接在命令窗口一行一行地输入各种命令，这只能进行简单的计算,对于稍大一些的计算,就不方便了。另一种方法是把多行命令组成一个 M 文件,让 MATLAB 来自动执行,编写和修改这种文件就要用文本编辑窗口。

4. M 文件

MATLAB 的源文件都是以后缀为 M 的文件来存放的,这种 .m 文件其实就是一个纯文本文件,它采用的是 MATLAB 所特有的一套语言及语法规则。

M 文件有两种写法:一种称为脚本,即包含了一连串的 MATLAB 命令,执行时依序执行;另一种称为函数,与 MATLAB 提供的内部函数一样,可以供其他程序或命令调用。

注意:保存 .m 文件所用的文件名不能以数字开头,其中不能包含中文字符,也不能包含"."、"＋"、"－"、"~"和空格等特殊字符(但可以包含下划线"_"),也不能与当前工作空间(Wordspace)中的参数、变量、元素同名,当然也不能与 MATLAB 的固有内部函数同名。

3.1.4　MATLAB 的在线帮助

1. Help 命令

Help 命令是查询函数相关信息的最基本方式,信息会直接显示在命令窗口中,如
>> help sign
就会显示如下解释:

SIGN Signum function.

  For each element of X, SIGN(X) returns 1 if the element

  is greater than zero, 0 if it equals zero and -1 if it is

  less than zero. For the nonzero elements of complex X,

  SIGN(X) = X . / ABS(X).

2. MATLAB Help 窗口

通过选择"Help"菜单中的"MATLAB Help"项,或是选择"View"菜单中的"Help"项,就可以打开"MATLAB Help"窗口。窗口中包括 Contents、index、Search、Demos、Favorites 等子模块,可以非常方便地对所需函数信息进行搜索和查询。

3.2　MATLAB 基本运算与函数

3.2.1　MATLAB 的基本概念

1. 变量

和其他高级语言一样,MATLAB 也是使用变量来保存信息的。变量由变量名表示,变量的命名应遵循如下规则:

· 变量名必须以字母开头。

· 变量名可以由字母、数字和下划线混合组成。

· 变量名区分字母大小写。

· 变量名的字符长度不应超过 31 个。

• 在 MATLAB 中还存在着一些系统默认的固定变量，即在 MATLAB 语句中若出现变量名，则系统就将其赋予默认值。

MATLAB 的变量分为字符变量和数值变量两种，字符变量必须用单引号括起来。例如，用户可输入：a＝'happy new year'，表示将字符串'happy new year'赋值给字符变量 a。

若用户输入：b＝365，表示将数值 365 赋值给数值变量 b。

和其他高级语言不同的是，MATLAB 使用变量时不需要预先对变量类型进行说明，MATLAB 会自动根据所输入的数字来决定变量的数据类型和分配存储空间。

2. 数值

在 MATLAB 内部，每一个数据元素都是用双精度来表示和存储的，大约有 16 位有效数字。其数值有效范围约为 $10^{-308} \sim 10^{+308}$。

但在进行数据输入/输出时，MATLAB 可以采用不同的格式。如果参加运算的每一个元素均为整数，则 MATLAB 将用不加小数点的纯整数格式显示运算结果；否则，按默认的输出格式显示结果。MATLAB 的默认格式为 short 格式，该格式显示运算结果为保留小数后 4 位有效数字。用户可以通过 format 命令改变格式，但并不影响该数据在 MATLAB 内部的存储精度，设置为 short 和 long 输出格式的命令分别为

Format short

Format long

MATLAB 通常用十进制数来表示一个数，也可用科学计数法来表示一个数。另外，MATLAB 还可以由如下语句来产生：

c＝a＋i＊b　　　　或 c＝a＋j＊b　　　　　　%将实部为 a 虚部为 b 的复数赋值给复变量 c

c＝a＊exp(i＊b)　或 c＝a＊exp(j＊b)　　　%将模为 a 辐角为 b 的复数赋值给复变量 c

其中，i、j 是虚数单位 $\sqrt{-1}$。

3. 矩阵

矩阵是 MATLAB 进行数据处理和运算的基本元素，MATLAB 的大部分运算或命令都是在矩阵运算的意义下执行的。我们通常意义上的数量（标量）在 MATLAB 系统中是作为 1×1 的矩阵，而仅有一行或一列的矩阵在 MATLAB 中称为向量。

4. 数组

在 MATLAB 中，数组也是一个非常重要的概念，矩阵在某些情况下可视为二阶的数值型数组。但是在 MATLAB 中，数组和矩阵的运算规则有着较大的区别。例如，两矩阵相乘和两数组相乘所遵循的运算规则是完全不同的。

5. 函数

MATLAB 为用户提供了丰富且功能各异的函数，用户可以直接调用这些函数来进行数据处理。函数由函数名和参数组成，函数调用的格式为

函数名(参数)

例如，若在 MATLAB 的命令窗口输入命令：

a＝sin(b)

则表示计算 b 的正弦值并将其赋值给变量 a。

6. 运算符

MATLAB 的基本运算为数值运算、关系运算、逻辑运算和特殊运算等，每一类运算都有自己专用的运算符。有关各个运算符的使用，将在后述的应用中详细介绍。

7. MATLAB 的语句

MATLAB 采用命令行式的表达式语言，每一个命令行就是一条语句，其格式与书写的数学表达式十分相近，非常容易掌握。用户在命令窗口输入语句并按下回车键后，该语句就由 MATLAB 系统解释运行，并即时给出运行结果。MATLAB 的语句采用以下两种形式：

(1) 表达式；

(2) 变量＝表达式。

表达式由变量名、常数、函数和运算构成，例如：$4 * \sin(2 * t)$，$\mathrm{sqrt}(2) * \exp(-i * 4)$，$s * a + b/c$。

表达式执行运算后产生的矩阵，将自动赋值给名为"ans"的默认变量，并即时在屏幕上显示出来。变量"ans"的值将在下一次运算表达式的语句时被刷新。例如，输入下列语句

　　　$4 * 2 + 5/6$

则表达式执行结果为

　　　ans＝

　　　　　8.8333

在 MATLAB 语句的第二种形式中，语句执行的结果是将表达式计算产生的矩阵，赋值给等号左边的变量，并存入内存。例如，若用户输入以下语句

　　　$a = 1 + 2 + 3 + 4 + 5$

则执行结果为

　　　a＝

　　　　　15

8. 几点说明

- MATLAB 使用双精度数据，它对字母大小写敏感，所有的系统命令都是小写形式。
- 采用 format long 以显示双精度数据类型的结果，而 format 返回缺省显示。
- 矩阵是 MATLAB 进行数据运算的基本元素，矩阵中的下标从 1 开始（而不是 0）。标量（数量）作为 1×1 的矩阵来处理。
- 矩阵与数组是完全不同的两个概念，它们的运算规则差别极大。
- 语句或命令结尾的分号";"可屏蔽当前结果的显示。
- 注释（位于％之后）不执行。
- 使用上下箭头实现命令的滚动显示，用于再编辑和再执行。
- 续行符用一个空格加"..."，然后再按回车键即可。

3.2.2　矩阵及其元素的赋值与访问

在 MATLAB 中，把由下标表示次序的标量数的集合称为矩阵或数组。从数的集合的角度来看，数组和矩阵没有什么不同，但从运算角度看，矩阵运算和数组运算遵循不同的

运算规则。

　　矩阵是 MATLAB 进行数据处理的基本单元，MATLAB 的大部分运算都是在矩阵的意义上进行的，矩阵运算也是 MATLAB 最重要的运算。因此，对于初学者来说，掌握矩阵的生成、寻访及基本运算是非常重要的。

　　对于简单且维数较小的矩阵，创建矩阵的最佳方法就是从键盘直接输入矩阵，在输入过程中必须遵循以下规则：

- 矩阵的所有元素必须放在括号"[ ]"内；
- 矩阵元素之间必须用逗号"，"或空格隔开；
- 矩阵行与行之间用分号"；"或回车符隔开；
- 矩阵元素可以是任何不含未定义变量的表达式。

　　例如，用户在命令窗口内直接输入

>>a＝[1，2，3；4，5，6；7，8，9]

或

>>a＝[1 2 3；4 5 6；7 8 9]

　　上述语句执行后，将建立 3×3 矩阵，并赋值给变量 a，运行结果显示为

```
a =
     1   2   3
     4   5   6
     7   8   9
```

　　对上述每行元素较多的矩阵，则可按矩阵书写的惯用格式输入。例如，在命令窗口内直接键入

```
>> a=[1 2 3
4 5 6
7 8 9]
a =
     1   2   3
     4   5   6
     7   8   9
```

　　矩阵的元素用"（）"中的数字（也称下标）来注明，如 $x(2)=12$，$a(2,3)=5$ 等。如果赋值元素的下标超出了原来矩阵的大小，矩阵的行、列会自动扩展。例如

```
>> a(4,3)=6.5
a =
    1.0000   2.0000   3.0000
    4.0000   5.0000   6.0000
    7.0000   8.0000   9.0000
         0        0   6.5000
```

　　给全行赋值时可用冒号。例如，给 a 的第 5 行赋值。

```
>> a(5,:)=[10 11 12]
a =
    1.0000   2.0000   3.0000
    4.0000   5.0000   6.0000
```

```
    7.0000    8.0000    9.0000
         0         0    6.5000
   10.0000   11.0000   12.0000
```

把 a 的第 2、4 行及第 1、3 列交点上的元素取出，构成一个新矩阵 b。

$>>$ b＝a([2,4],[1 3])

b ＝

```
    4.0000    6.0000
         0    6.5000
```

要抽去 a 中的第 2、4、5 行，可利用空矩阵[ ]的概念。

$>>$ a([2 4 5],:)＝[]

a ＝

```
    1    2    3
    7    8    9
```

矩阵的元素可以是复数，例如

$>>$a＝2.7358；b＝33/79；

$>>$C＝[1,2＊a＋i＊b,b＊sqrt(a)；sin(pi/4),a＋5＊b,3.5＋i]

C ＝

```
    1.0000    5.4716 ＋ 0.4177i    0.6909
    0.7071    4.8244               3.5000 ＋ 1.0000i
```

复数数组还可用另一种方式输入，例如

$>>$M_r＝[1, 2, 3; 4, 5, 6]；M_i＝[11, 12, 13; 14, 15, 16]；CN＝M_r＋i＊M_i

CN＝

```
    1.0000＋11.0000i    2.0000＋12.0000i    3.0000＋13.0000i
    4.0000＋14.0000i    5.0000＋15.0000i    6.0000＋16.0000i
```

表 3－1 给出了二维矩阵的基本访问规则。

表 3－1 二维矩阵的基本访问规则

格　　式	说　　明
A(r,c)	访问由 r 和 c 指定的元素或子矩阵
A(r,:)	访问由 r 指定的行向量或子矩阵
A(:,c)	访问由 c 指定的列向量或子矩阵
A(:)	将矩阵按列拉长作为列向量访问(也称单下标访问)
A(r)	将矩阵按一维列向量来访问
A(:,end)	访问矩阵的最后一列
A(end,:)	访问矩阵的最后一行

3.2.3　基本函数和矩阵

表 3－2 为 MATLAB 常用的基本数学函数及三角函数。

表 3 - 2　MATLAB 常用的基本数学函数及三角函数

函数名	含　义	函数名	含　义	函数名	含　义
sin	正弦	sqrt	平方根	abs	绝对值和复数的模
cos	余弦	round	四舍五入取整	angle	求复数的相角
tan	正切	max	求数组的最大值	unwrap	去掉相角突变
atan	反正切	min	求数组的最小值	real	求复数的实部
asin	反正弦	mean	求数组的平均值	imag	求复数的虚部
acos	反余弦	std	求标准差	conj	求复数的共轭
exp	指数	sum	求和	sign	符号函数
log	自然对数	log2	以 2 为底的对数	sinc	辛格函数
expm	矩阵指数函数	eig	求矩阵的特征值	fix	无论正负，舍去小数至最近整数
rat(x)	将实数 x 化为多项分数展开	std	求标准差	floor	地板函数，即舍去正小数至最近整数
rats(x)	将实数 x 化为分数表示	diff	相邻元素的差	ceil	天花板函数，即加入正小数至最近整数
sort	元素进行排序	length	测试元素个数	prod	元素总乘积

表 3 - 3 为 MATLAB 常用的基本矩阵。

表 3 - 3　MATLAB 常用的基本矩阵

矩阵名	含　义	矩阵名	含　义	矩阵名	含　义
zeros	全 0 矩阵	ones	全 1 矩阵	rand	随机数矩阵
randn	正态随机数矩阵	eye	单位矩阵(方阵)	linspace	均分向量
logspace	对数均分向量	freqspace	频率特性的频率区间	meshgrid	画三维曲面时的 X, Y 网格

3.2.4　矩阵和数组的基本运算

1. 矩阵加、减、乘法

矩阵算术运算的书写格式与普通算术运算的书写格式相同，但它的乘法定义与普通数（标量）不同。相应地，作为乘法逆运算的除法也不同，有左除"\"和右除"/"两种符号。

当两个矩阵相加(减)，其中有一个是标量时，MATLAB 承认算式有效，它自动把该标量扩展成同阶等元素矩阵，如

```
>> x=[-1 0 1];y=x-1
y =
    -2    -1    0
```

如果两个乘数，其中有一个是标量，则该标量乘以矩阵的每个元素，如

```
>> pi * x
ans =
    -3.1416    0 3.1416
```

若把 y 转置，成为 3×1 阶，则内阶数与 x 相同，即乘法为

\>> x * y′

ans =

  2

上式称为 x 左乘 y′。若是 x 右积 y′，则有

\>> y′ * x

ans =

  2　0　−2

  1　0　−1

  0　0　 0

2. 矩阵除法及线性方程组的解

矩阵除法是 MATLAB 从逆矩阵的概念引申而来的，用函数 inv 可以求逆矩阵。设方程 $D * X = B$，X 为未知矩阵，在等式两端同时左乘 inv(D)，即

$$\mathrm{inv}(D) * D * X = \mathrm{inv}(D) * B$$

所以，有

$$X = \mathrm{inv}(D) * B = D \backslash B$$

上式称之为"左除"。左除的条件是：两矩阵的行数必须相等。

设方程 $X * D = B$，X 为未知矩阵，用同样的方法可以写出

$$X = B * \mathrm{inv}(D) = B/D$$

上式称之为"右除"。右除的条件是：两矩阵的列数必须相等。

矩阵除法可以用来方便地解线性方程组，如

$$6x_1 + 3x_2 + 4x_3 = 3$$
$$-2x_1 + 5x_2 + 7x_3 = -4$$
$$8x_1 - 4x_2 - 3x_3 = -7$$

写成矩阵形式为 AX=B，用 MATLAB 求解，命令如下：

\>> A=[6 3 4;−2 5 7;8 −4 −3];B=[3 −4 −7];X=A\B′

X =

　　0.6000

　　7.0000

　−5.4000

3. 数组运算

数组运算相当于数据的批处理操作(常用它来代替循环)，它对矩阵中的元素逐个进行同样的运算。

数组运算符和矩阵运算符的区别是：矩阵运算符前没有小黑点，数组运算符前有小黑点。除非含有标量，否则数组运算表达式中的矩阵大小必须相同。

矩阵运算与数组运算的比较。例如，乘法运算，运行结果如下：

\>> A=[1 2;3 4],B=[2 3;4 5],C=A*B,D=A.*B

A =

　1　2

　3　4

```
B =
    2    3
    4    5
C =
    10   13
    22   29
D =
    2    6
    12   20
```

例如，除法运算，运行结果如下：

```
>> E=A./B
E =
    0.5000   0.6667
    0.7500   0.8000
>> E=A.\B
E =
    2.0000   1.5000
    1.3333   1.2500
>> E=A\B
E =
    0   -1
    1    2
>> E=A/B
E =
    1.5000   -0.5000
    0.5000   0.5000
```

数组与矩阵的幂次运算比较如下：

```
>> A^2
ans =
    7    10
    15   22
>> A.^2
ans =
    1    4
    9    16
```

3.2.5　符号运算

MATALB 不仅提供了数值计算功能，还提供了强大的符号计算功能。符号运算是指符号之间的运算，其运算结果仍以标准的符号形式表达。符号运算是 MATLAB 的一个极其重要的组成部分，符号表示的解析式比数值解具有更好的通用性。

1. 定义符号变量或表达式

在进行符号运算之前必须定义符号变量，并创建符号表达式。定义符号变量的格式为

syms 变量名

其中，各个变量名须用空格隔开，如 syms y t x。

定义符号表达式的格式为

sym('表达式')

如 x+sin(x)+1 为符号表达式，命令格式为 sym('x+sin(x)+1')。

2. 符号表达式的运算

例如，两个符号表达式相加，MATLAB 的命令为

$\gg$ syms a b

$\gg$ f1=1/(a+1);f2=2*a/(a+b);f=f1+f2

f =

1/(a+1)+2*a/(a+b)

MATLAB 符号运算可以有多种计算方法，例如：

$\gg$ diff('cos(x)')　　　　　%对 cos(x)求导

ans=

　　$-\sin(x)$

$\gg$ M=sym('[a,b;c,d]')　　　　%建立符号矩阵 M

M=

　　[a, b]

　　[c, d]

$\gg$ determ(M)　　　　　　%求符号矩阵 M 的行列式

ans=

　　a*d−b*c

注意，上面的第一个例子的符号表达式是用单引号以隐含方式定义的，它告诉 MATLAB 'cos(x)' 是一个字符串，并说明 diff('cos(x)') 是一个符号表达式而不是数字表达式；然而在第二个例子中，用函数 sym 告诉 MATLAB M=sym('[a, b; c, d]') 是一符号表达式。在 MATLAB 可以自己确定变量类型的场合下，通常不要求显示函数 sym。然而，很多时候 sym 是必要的，如在上述的第二个例子中。

3. 变量替换

假设有一个以 x 为变量的符号表达式，并希望将变量转换为 y。MATLAB 提供一个工具称作 subs，以便在符号表达式中进行变量替换。其格式为 subs(f, old, new)，其中，f 是符号表达式，new 和 old 是字符、字符串或其他符号表达式。"新"字符串将代替表达式 f 中各个"旧"字符串，例如：

$\gg$ f=sym('a*x^2+b*x+c')

f =

a*x^2+b*x+c

$\gg$ subs(f,'x','s')

ans =

a*(s)^2+b*(s)+c

$\gg$ g=sym('3*x^2+5*x−4')

g =

```
3 * x-2+5 * x-4
>> h=subs(g,'x',2)
h =
   18
```

该例表明 subs 如何进行替换，并力图简化表达式。因为替换结果是一个符号常数，MATLLAB 可以将其简化为一个符号值。注意，因为 subs 是一个符号函数，所以它返回一个符号表达式。尽管看似数字，实质上是一个符号常数。为了得到数字，我们需要使用函数 numeric 或 eval 来转换字符串。

3.3　基本绘图方法

数据可视化能使人们用视觉器官直接感受到数据的许多内在本质。因此，数据可视化是人们研究科学、认识世界所不可缺少的手段。MATLAB 不仅在数值计算方面是一个优秀的科技应用软件，而且在数据可视化方面也具有极佳的表现。

最常用的是高层绘图指令。高层绘图指令简单明了，容易掌握。本节介绍高层绘图指令，其中最常用的两个绘图指令是 plot 和 stem。

3.3.1　简单的绘图

MATLAB 的绘图功能很强，我们先介绍最简单的二维绘图指令 plot。plot 是用来画函数 x 对函数 y 的二维图，例如，要画出 $y=\sin(x)$，$0<x<2\pi$。plot 可以在一个图上画数条曲线，且以不同的符号及颜色来标示曲线。如要在 x 及 y 轴及全图加注说明，则可利用指令 xlabel、ylabel、title。三维图的指令为 plot3，此外，二维图及三维图皆可使用指令 grid 加上格线。例如：

```
>> t=linspace(0,2 * pi,100); y1=sin(t);   %建立 t 及 y1 数组
>> figure(1)                              %建立第 1 个图形窗口
>> plot(t,y1)                             %t 为 x 轴,y1 为 y 轴画曲线
>> y2=cos(t);                             %建立 y2 数组
>> figure(2)                              %建立第 2 个图形窗口
>> plot(t,y1,t,y2)                        %画两条曲线 y1 和 y2
>> figure(3)                              %建立第 3 个图形窗口
>> plot(t,y1,t,y2,'+')                    %第二条曲线以符号 + 标示
>> figure(4)                              %建立第 4 个图形窗口
>> plot(t,y1,t,y1. * y2,'--')             %画两条曲线,y1 和 y1. * y2
>> xlabel('x-axis')                       %加上 x 轴的说明
>> ylabel('y-axis')                       %加上 y 轴的说明
>> title('2D plot')                       %加上图的说明
>> figure(5)                              %建立第 5 个图形窗口
>> plot3(y1,y2,t), grid                   %将 y1-y2-t 画三维图,并加上格线
```

显示的图形如图 3.2～图 3.6 所示。

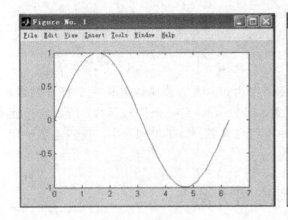

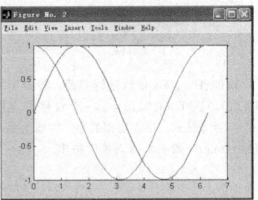

图 3.2　建立第 1 个图形窗口　　　　　　　　　图 3.3　建立第 2 个图形窗口

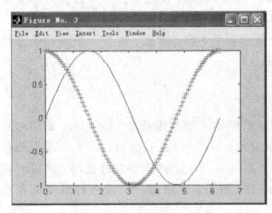

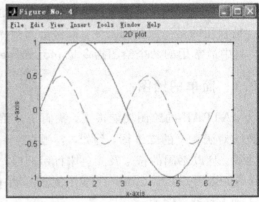

图 3.4　建立第 3 个图形窗口　　　　　　　　　图 3.5　建立第 4 个图形窗口

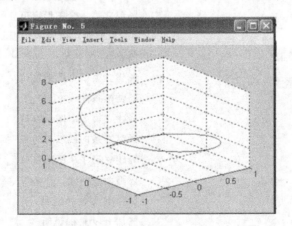

图 3.6　建立第 5 个图形窗口

将以上命令全部放在一个 M 文件中，就是一个 MATLAB 程序 s3_1.m。

stem 函数与 plot 函数在用法和功能上几乎完全相同，只不过通常用 stem 函数来绘制离散信号的图形，即绘制出来的图形是点点分立的。例如：

>> n＝0:pi/10:3 * pi;stem(n,sin(n))

显示的图形如图 3.7 所示。

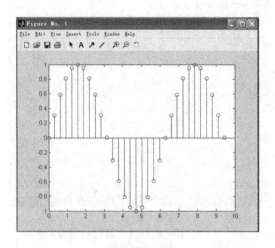

图 3.7　用 stem 函数绘制离散信号的图形示例

MATLAB 的基本绘图函数由表 3-4 给出。

表 3-4　MATLAB 的基本作图函数

函数	含　义	函数	含　义
plot	绘制连续波形	title	为图形加标题
stem	绘制离散波形	grid	画网格线
polar	极坐标绘图	xlable	为 X 轴加上轴标
loglog	双对数坐标绘图	ylable	为 Y 轴加上轴标
plotyy	用左右两种坐标	text	在图上加文字说明
semilogx	半对数 X 坐标	gtext	用鼠标在图上加文字说明
semilogy	半对数 Y 坐标	legend	标注图例
subplot	分割图形窗口	axis	定义 x,y 坐标轴标度
hold	保留当前曲线	line	画直线
ginput	从鼠标作图形输入	ezplot	画符号函数的图形
figure	定义图形窗口		

3.3.2　颜色和线型、点型的标识符

MATLAB 会自动设定曲线的颜色和线型。例如：

>>t＝(0:pi/50:2 * pi)′;k＝0.4:0.1:1;Y＝cos(t) * k;plot(t,Y)

显示的图形如图 3.8 所示，可见曲线的颜色是自动生成的。

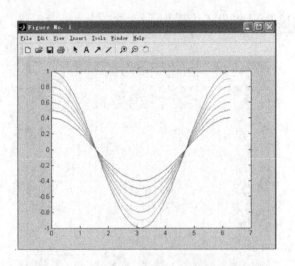

图 3.8　自动设定曲线的颜色和线型示例

表 3－5 给出了绘图设定的颜色、线型、点型的标识符。

表 3－5　绘图设定的颜色、线型、点型的标识符

标 识 符	颜 色	标 识 符	线型和点型	标 识 符	线型和点型
y	黄	.	点	s	方框
m	品红	o	圆圈	d	菱形
c	青	x	X 号	∨	下三角
r	红	＋	＋ 号	ˆ	上三角
g	绿	－	实线	＜	左三角
b	蓝	＊	星号	＞	右三角
w	白	：	虚线	p	五角星
k	黑	－·	点划线	h	六角星
		－－	长划线		

3.3.3　子图的画法

要在一个图形窗口显示多幅子图,可用 MATLAB 提供的 subplot 函数实现。下面举例说明。

用图形表示连续调制波形 y＝sin(t) sin(9t)。

```
% 子图的画法
t1＝(0:11)/11 * pi;
y1＝sin(t1). * sin(9 * t1);
t2＝(0:100)/100 * pi;
y2＝sin(t2). * sin(9 * t2);
subplot(2,2,1),plot(t1,y1,'r.'),axis([0,pi,－1,1]),title('子图 (1)')
subplot(2,2,2),plot(t2,y2,'r.'),axis([0,pi,－1,1]),title('子图 (2)')
```

```
subplot(2,2,3),plot(t1,y1,t1,y1,'r.')
axis([0,pi,-1,1]),title('子图(3)')
subplot(2,2,4),plot(t2,y2)
axis([0,pi,-1,1]),title('子图(4)')
```

显示的图形如图 3.9 所示。

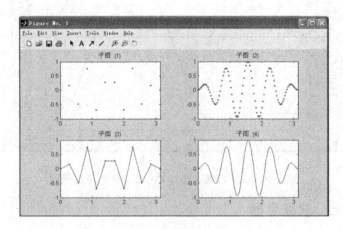

图 3.9　用 subplot 函数显示多幅子图示例

3.3.4　坐标、刻度和分格线控制

在图形中可加入格栅、坐标轴标志、文本说明等,现举例说明。

```
%在图中加图例和文字
t=linspace(0,pi*3,30);
x=sin(t);
y=cos(t);
plot(t,x,'r--',t,y,'b-','linewidth',2)
grid                            %加入格栅
xlabel('x轴')
ylabel('y轴')
title('正弦与余弦曲线')
text(1,-0.1,'余弦')            %在图中标文字'余弦'
text(3.1,0.1,'正弦')
legend('sin(x)','cos(x)',3)    %在图中标图例
%LEGEND('string',Pos) places the legend in the specified,
%      0 = Automatic "best" placement (least conflict with data)
%      1 = Upper right-hand corner (default)
%      2 = Upper left-hand corner
%      3 = Lower left-hand corner
%      4 = Lower right-hand corner
%      -1 = To the right of the plot
%按鼠标 left mouse button 拖 legend 到指定的位置
```

显示的图形如图 3.10 所示。

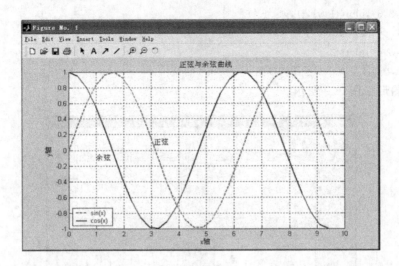

图 3.10　加入格栅、坐标轴标志、文本说明示例

3.3.5　多次叠绘、双纵坐标

例如：利用 hold 绘制离散信号通过零阶保持器后产生的波形。

```
% 离散信号通过零阶保持器后产生的波形
t＝2 * pi * (0:20)/20;
y＝cos(t). * exp(−0.4 * t);
stem(t,y,'fill');hold on;
stairs(t,y,'r');hold off
```

显示的图形如图 3.11 所示。

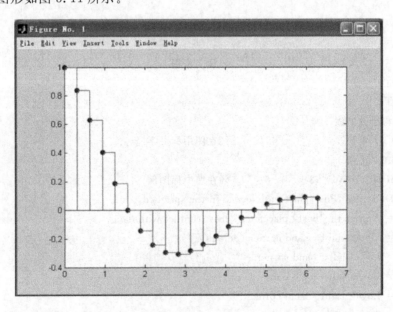

图 3.11　离散信号通过零阶保持器后产生的波形

例如：用双纵坐标画出函数 $y=x\ \sin x$ 和积分 $s=\int_0^x (x\ \sin x)\ dx$ 在区间[0，4]上的曲线。

```
% 双纵坐标画图
clf;dx=0.1;x=0:dx:4;y=x.*sin(x);
s=cumtrapz(y)*dx;                    %梯形法求累计积分
plotyy(x,y,x,s),
text(0.5,0,'\fontsize{14}\ity=xsinx')
sint='{\fontsize{16}\int_ {\fontsize{8}0}^{ x}}';
text(2.5,3.5,['\fontsize{14}\its=',sint,'\fontsize{14}\itxsinxdx'])
```

显示的图形如图 3.12 所示。

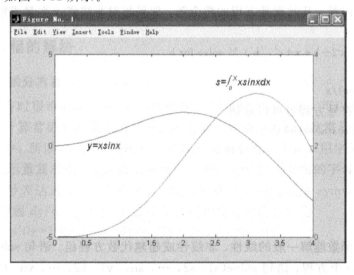

图 3.12　用双纵坐标画图示例

3.4　电路分析中常用的计算方法

3.4.1　方程组的解法

1. 线性代数方程组

设矩阵方程：$AX=B$，$X=inv(A)*B=A\backslash B$，矩阵除法可以用来方便地解线性方程组。例如，节点方程为

$$\begin{bmatrix} 2 & -0.5 & -0.5 \\ -0.5 & 1.25 & -0.25 \\ -0.5 & -0.25 & 1 \end{bmatrix}\begin{bmatrix} U_1 \\ U_2 \\ U_3 \end{bmatrix}=\begin{bmatrix} 7 \\ 0 \\ -11 \end{bmatrix}$$

用 MATLAB 求解，命令如下：

```
>> Y=[2 -0.5 -0.5;-0.5 1.25 -0.25;-0.5 -0.25 1];I=[7 0 -11];U=Y\I'
U =
    0.0370
```

其通解为

```
>> [f,g]=dsolve('Df=3*f+4*g','Dg=-4*f+3*g')
f =
exp(3*t)*(cos(4*t)*C1+sin(4*t)*C2)
g =
-exp(3*t)*(sin(4*t)*C1-cos(4*t)*C2)
>> [f,g]=dsolve('Df=3*f+4*g','Dg=-4*f+3*g','f(0)=0','g(0)=1')
f =
exp(3*t)*sin(4*t)
g =
exp(3*t)*cos(4*t)
```

中 篇

电路基础实验

第 4 章　电阻电路实验

本章主要学习电阻电路的实验方法，涉及数字万用表、直流稳压电源的使用。通过对电阻电路的测试、电路定理的验证，进一步加深对电路模型、电位、伏安特性、电路定理的认识。

实验 1　电位的测量与分压器设计

一、实验目的

（1）验证电位的相对性与电压的绝对性。
（2）观察分压器电路的负载效应。
（3）分压器电路的设计。

二、实验原理与说明

1. 电位的概念

某点的电位即该点与参考点（地）的电压。两点间的电压就是两点的电位之差。电位是相对参考点而言的，不说明参考点，电位就无意义。电位随参考点的不同而不同，但电压是不变的。

2. 分压器的负载效应

分压器在空载时的输出电压可以根据分压公式求得，在带负载时的输出电压将发生变化。将电阻 R_L 与 R_2 并联，电路如图 4.1 所示。电阻 R_L 为分压器电路的负载。电路的负载可以是一个或多个电路元件，它消耗电路的功率。由于负载的连接，输出电压的表达式为

$$U_o = \frac{R_{eq}}{R_1 + R_{eq}} U_S$$

其中

$$R_{eq} = \frac{R_2 R_L}{R_2 + R_L}$$

将上式代入可得

$$U_o = \frac{R_2}{R_1[1 + (R_2/R_L)] + R_2} U_S \qquad (4.1)$$

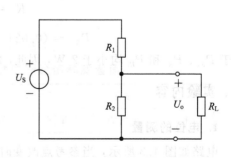

图 4.1　有载的分压器电路

3. 分压器的设计

分压器电路如图 4.5 所示,求电路中的电阻 R_1、R_2、R_3、R_4 和 R_5。在设计中核算选用电阻的功率。

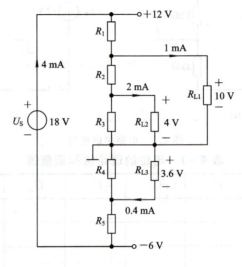

图 4.5　分压器电路的设计

四、实验步骤和方法

（1）按图 4.3 所示电路在电路板上接线,电路中的电源电压和各电阻的值可由学生自己选取,也可以参考电路图中参数。

（2）电路接线完后,再接通电源,用数字万用表测量各点电位和电压。

（3）按图 4.4(a)所示电路在电路板上接线,测空载时的各点电位。电路中的电源电压和各电阻的值可由学生自己选取,也可以参考电路图中参数。

（4）按图 4.4(b)所示电路在分压器上接上负载,选用的负载电阻的阻值应与 R_1、R_2、R_3 相当。这样分压器输出电压受负载影响较大,测量出的电位与空载时的电位进行比较,它们之间差别应较大。

（5）再选用较大的负载电阻,通常阻值比 R_1、R_2、R_3 大 10 倍以上。这样分压器输出电压受负载影响较小,测量出的电位与空载时的电位进行比较,它们之间差别较小。

（6）先计算出图 4.5 所示电路的 R_1、R_2、R_3、R_4 和 R_5,以用三个负载电阻。然后按图 4.5 所示电路接线,通过测量来检验所设计的电路是否达到要求。

五、实验注意事项

（1）在实验室取得电阻后应用万用表测量其阻值。

（2）每个同学的电路中的电阻值可能选得不一样,但实验结论应是相同的。

（3）实验前应对所有电路进行理论计算,这样以便与测量结果进行比较并选用合适的仪表量程。

（4）电路接线完并经检查无误后才可接通电源,改接或拆线时应先断开电源。

六、预习要点

（1）熟悉电位的概念，明确电位与电压有什么不同。

（2）什么是分压器电路空载和负载？分压器接负载后对电路有什么影响？

（3）进行所有电路的理论计算。

（4）明确实验要达到的目的、实验内容以及步骤和方法。

（5）熟悉设计分压器的原理。由于图 4.5 的元件较多，应在电路板上合理布线。

七、实验报告要求

（1）画出实验原理电路图，标上参数。

（2）叙述实验内容和步骤，给出各种理论计算的实验测量的数据。

（3）给出实验得出的结论。

（4）进行测量误差分析。

（5）写出本次实验的心得体会。

八、实验设备

（1）可调直流稳压电源 1 台。

（2）数字万用表 1 个。

（3）电阻元件　若干。

（4）电路板 1 块。

实验 2　电源的等效变换

一、实验目的

（1）通过实验加深对独立电压源和独立电流源的认识。

（2）验证实际电压源和实际电流源的等效变换条件。

（3）掌握电源外特性的测试方法。

二、实验原理与说明

1. 实际电压源的模型

直流稳压电源在一定的电流输出范围内具有很小的电阻，故在实际应用中，常将它视为一个理想电压源。一个实际电压源可以看做是一个理想电压源 U_S 与内阻 R_S 的串联组合，如图 4.6(a)所示。在图 4.6(a)中，U 是端电压，I 是负载电流，R_L 是负载电阻。U 和 I 的关系为

$$U = U_\mathrm{S} - R_\mathrm{S} I \tag{4.2}$$

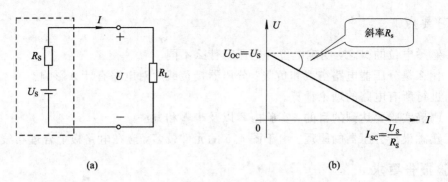

图 4.6　实际电压源的等效表示

（a）实际电压源模型；（b）伏安关系曲线

2. 实际电流源的模型

直流稳流电源在一定的范围内，其输出电流是不变的，故可将它视为理想电流源。一个实际电流源可以看做是一个理想电流源 I_s 与内阻 R_0 的并联组合，如图 4.7（a）所示。在图 4.7（a）中，U 是端电压，I 是负载电流，R_L 是负载电阻。U 和 I 的关系为

$$I = I_s - \frac{U}{R_0} \tag{4.3}$$

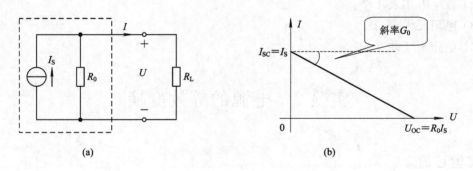

图 4.7　实际电流源的等效表示

（a）实际电流源模型；（b）伏安关系曲线

3. 电源等效变换

一个实际电源可以用两种不同形式的电路模型来表示，一种是电压源模型，另一种是电流源模型。就其外部特性即伏安关系来说，在一定条件下两种电路模型是完全相同的，功率也保持不变。因此，这两种电源模型就其外部电路的作用来看是完全等效的。

两种电源模型如图 4.8 所示。对于如图 4.8（a）所示的电压源模型，有

$$u = U_s - R_{0u} i \tag{4.4}$$

对于如图 4.8（b）所示的电流源模型，有

$$i = I_s - \frac{u}{R_{0i}} \tag{4.5}$$

移项变换后，可得

$$u = R_{0i} I_s - R_{0i} i \tag{4.6}$$

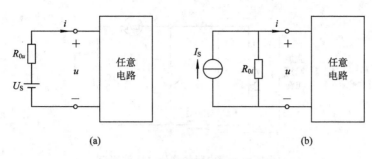

图 4.8　两种电源模型的等效变换

（a）电压源模型；（b）电流源模型

比较式(4.4)和式(4.6)，欲使两电路有完全相同的端口电压与电流的关系，就应该满足

$$\begin{cases} U_S = R_{0i} I_S \\ R_{0u} = R_{0i} \end{cases} \tag{4.7(a)}$$

或

$$\begin{cases} I_S = \dfrac{U_S}{R_{0u}} \\ R_{0i} = R_{0u} \end{cases} \tag{4.7(b)}$$

三、实验内容

1. 直流稳压电源伏安特性的测量

电路如图 4.9 所示，当 510 Ω 电阻改变时，测量对应的电压和电流的值，并填写表 4-3。

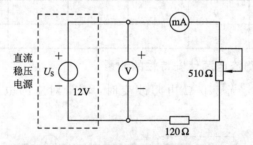

图 4.9　稳压电源的测量

表 4-3　直流稳压电源电流和电压数据

I/mA	90	80	70	60	50	40	30
U/V							

2. 串联内阻后电压源伏安特性的测量

电路如图 4.10 所示，当 510 Ω 电阻改变时，测量对应的电压和电流的值，并填写表 4-4。

表 4-4　带内阻直流稳压电源电流和电压数据

I/mA	90	80	70	60	50	40	30
U/V							

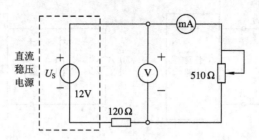

图 4.10 带内阻的稳压电源的测量

3. 直流稳流电源伏安特性的测量

电路如图 4.11 所示，当 510 Ω 电阻改变时，测量对应的电压和电流的值，并填写表 4 – 5。

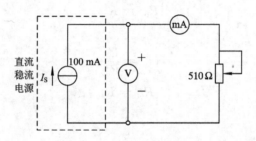

图 4.11 稳流电源的测量

表 4 – 5 直流稳流电源电流和电压数据

I/mA	90	80	70	60	50	40	30
U/V							

4. 并联内阻的直流稳流电源伏安特性的测量

电路如图 4.12 所示，当 510 Ω 电阻改变时，测量对应的电压和电流的值，并填写表 4 – 6。

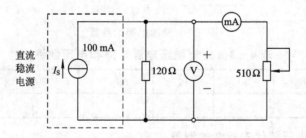

图 4.12 带内阻稳流电源的测量

表 4 – 6 带内阻直流稳流电源电流和电压数据

I/mA	90	80	70	60	50	40	30
U/V							

四、实验步骤和方法

（1）按图 4.9 所示电路在电路板上接线，电路中的电源电压和各电阻的值可由学生自己选取，也可以参考电路图中的参数。

（2）电路接线完成后，接通电源。注意，将直流稳压电源设置成稳压方式，可调电阻由大到小调节。用电压表和电流表测量其电压和电流，将数据填入表 4－3 中。

（3）按图 4.10 所示电路在电路板上接线，电路中的电源电压和各电阻的值可由学生自己选取，也可以参考电路图中的参数。

（4）电路接线完成后，接通电源。注意，将直流稳压电源设置成稳压方式，可调电阻由大到小调节。用电压表和电流表测量其电压和电流，将数据填入表 4－4 中。

（5）按图 4.11 所示电路在电路板上接线，电路中的电源电流和各电阻的值可由学生自己选取，也可以参考电路图中的参数。

（6）电路接线完成后，接通电源。注意，将直流稳压电源设置成稳流方式，可调电阻由大到小调节。用电压表和电流表测量其电压和电流，将数据填入表 4－5 中。

（7）按图 4.12 所示电路在电路板上接线，电路中的电流源和内电阻的值应与图 4.10 的电路等效，可以参考电路图中的参数。

（8）电路接线完成后，接通电源。注意，将直流稳压电源设置成稳流方式，可调电阻由大到小调节。用电压表和电流表测量其电压和电流，将数据填入表 4－6 中，所测量的数据应与表 4－4 中的数据相同。

五、实验注意事项

（1）在实验室取得电阻后应用万用表测量其阻值。

（2）每个同学的电路中的电阻值可能选得不一样，但实验结论应是相同的。

（3）实验前应对所有电路进行理论计算，这样有利于测量结果的比较和仪表量程的选用。

（4）可调电阻的调节应从大到小。

（5）电路接线完成后经检查无误才可接通电源，改接或拆线时应先断开电源。

六、预习要点

（1）熟悉理想电压源与实际电压源的概念，两者的伏安关系曲线有什么不同？

（2）熟悉理想电流源与实际电流源的概念，两者的伏安关系曲线有什么不同？

（3）什么是"等效变换"？电源等效变换的条件是什么？

（4）直流稳压电源既能稳压又能稳流，实际如何操作？

（5）明确实验要达到的目的、实验内容以及步骤和方法。

七、实验报告要求

（1）画出实验原理电路图，标上参数。

（2）叙述实验内容和步骤，根据实验测量的数据画出 4 种伏安关系曲线图。

（3）给出实验得出的结论。

（4）进行测量误差分析。

（5）写出本次实验的心得体会。

八、实验设备

（1）可调直流稳压电源 1 台。

（2）数字万用表 1 块。

（3）电阻元件若干。

（4）电路板 1 块。

实验 3　电阻衰减器的设计

一、实验目的

（1）认识电阻衰减器的实际意义，掌握几种电阻衰减器的设计方法。

（2）加深平衡电桥电路的理解，以及 Y-△等效变换的理解。

（3）进一步理解电路输入与输出的关系、输入电阻的概念。

二、实验原理与说明

1. 固定式衰减器

电阻网络有时用作音量控制电路，针对这种应用，它们被称做电阻衰减器。典型的固定式衰减器如图 4.13 所示。

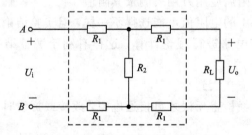

图 4.13　典型的固定式衰减器

在设计衰减器时，电路设计者要选择 R_1 和 R_2 的值，而 U_o/U_i 的值和从输入电压源看进去的电阻 R_{AB} 都是固定值。

（1）如果 $R_{AB} = R_L$，则有

$$R_L^2 = 4R_1(R_1 + R_2) \tag{4.8}$$

$$\frac{U_o}{U_i} = \frac{R_2}{2R_1 + R_2 + R_L} \tag{4.9}$$

由于 $R_{AB} = R_L$，因此有

$$2R_1 + \frac{R_2(2R_1 + R_L)}{2R_1 + R_2 + R_L} = R_L$$

$$R_2(2R_1 + R_L) = (R_L - 2R_1)(2R_1 + R_2 + R_L)$$

将上式展开，得

$$2R_1R_2 + R_2R_L = 2R_1R_L + R_2R_L + R_L^2 - 4R_1^2 - 2R_1R_2 - 2R_1R_L$$

整理，得

$$R_L^2 = 4R_1R_2 + 4R_1^2 = 4R_1(R_1 + R_2)$$

又因电路的等效电阻 $R_{AB} = R_L$，则总电流为

$$I = \frac{U_i}{R_{AB}} = \frac{U_i}{R_L}$$

负载中的电流为

$$I_L = \frac{R_2}{2R_1 + R_2 + R_L}I = \frac{R_2}{2R_1 + R_2 + R_L} \times \frac{U_i}{R_L}$$

输出电压为

$$U_o = R_L I_L = \frac{R_2}{2R_1 + R_2 + R_L}U_i$$

即

$$\frac{U_o}{U_i} = \frac{R_2}{2R_1 + R_2 + R_L}$$

（2）选择 R_1 和 R_2 的值，使得 $R_{AB} = R_L = 600\ \Omega$，$\frac{U_o}{U_i} = 0.6$。

将 $R_{AB} = R_L = 600\ \Omega$ 代入上式(4.8)中，得

$$600^2 = 4R_1(R_1 + R_2) \tag{4.10}$$

因为

$$U_o = \frac{R_L - 2R_1}{R_L}U_i \times \frac{R_L}{2R_1 + R_L}$$

所以

$$\frac{U_o}{U_i} = \frac{R_L - 2R_1}{2R_1 + R_L} = 0.6$$

可得

$$600 - 2R_1 = 0.6(2R_1 + 600)$$

解得，$R_1 = 75\ \Omega$。代入式(4.10)，得

$$600^2 = 4 \times 75(75 + R_2)$$

所以，有

$$R_2 = \frac{600 \times 600}{300} - 75 = 1125\ \Omega$$

2. T形桥式衰减器

固定式衰减器称做 T 形桥，如图 4.14 所示。

（1）使用 Y-△ 变换证明：如果 $R = R_L$，则 $R_{AB} = R_L$。

（2）证明：当 $R = R_L$ 时，电压比 $\frac{U_o}{U_i} = 0.5$。

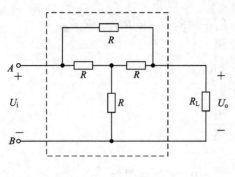

图 4.14   T 形桥

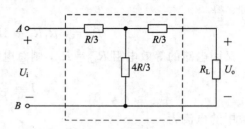

图 4.15   等效电路

证明：(1) 将电阻的三角形连接等效变换为星形，如图 4.15 所示，输入的等效电阻为

$$R_{AB} = \frac{R}{3} + \frac{4}{3}R \parallel \frac{4}{3}R = R = R_L$$

(2) 因为

$$U_o = \frac{2/3}{1/3 + 2/3} U_i \times \frac{1}{1 + 1/3} = 0.5 U_i$$

所以电压比为 $\dfrac{U_o}{U_i} = 0.5$。

实际上这是一个平衡电桥，用平衡电桥的分析方法同样可以得出以上结果。

三、实验内容

1. 设计电阻衰减器电路

设计如图 4.13 所示的电阻衰减器，选择 R_1 和 R_2 的值，使得 $R_{AB} = R_L = 1\ \mathrm{k}\Omega$，计算

$R_1 = $ _____ ； $R_2 = $ _____。

表 4-7   图 4.13 的电阻衰减器理论和测量值

项目	R_{AB}	U_i	U_o	P_1(左 R_1)	P_2(中 R_2)	P_3(右 R_1)
理论值	1 kΩ					
测量值						

注：P_1(左 R_1)为衰减器左边一个 R_1 消耗的功率，以此类推。

2. 设计 T 形桥式衰减器

T 形桥式衰减器电路如图 4.16 所示，电路
设计方程为

$$R_2 = \frac{2RR_L^2}{3R^2 - R_L^2}$$

$$\frac{U_o}{U_i} = \frac{3R - R_L}{3R + R_L}$$

当 $R_L = 600\ \Omega$ 时，要求电压衰减

$$\frac{U_o}{U_i} = \frac{1}{3.5},\ \frac{1}{3},\ \frac{1}{2}$$

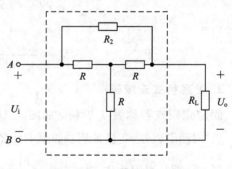

图 4.16   T 形桥式衰减器

表 4 - 8　T 形电阻衰减器理论和测量值($u_i = 3.5u_o$)

项目	R_{AB}	U_i	U_o	P_1（左 R）	P_2（中 R_2）	P_3（右 R）	P_4（下 R）
理论值	600 Ω						
测量值							

计算 $R =$ _____；$R_2 =$ _____，并填写表 4 - 8。

表 4 - 9　T 形电阻衰减器理论和测量值($U_i = 3U_o$)

项目	R_{AB}	U_i	U_o	P_1（左 R）	P_2（中 R_2）	P_3（右 R）	P_4（下 R）
理论值	600 Ω						
测量值							

计算 $R =$ _____；$R_2 =$ _____，并填写 4 - 9。

表 4 - 10　T 形电阻衰减器理论和测量值($U_i = 2U_o$)

项目	R_{AB}	U_i	U_o	P_1（左 R）	P_2（中 R_2）	P_3（右 R）	P_4（下 R）
理论值	600 Ω						
测量值							

计算 $R =$ _____；$R_2 =$ _____，并填写表 4 - 10。

四、实验步骤和方法

1. 实验内容 1 的步骤

（1）设计如图 4.13 所示的电阻衰减器时，先计算出 R_1 和 R_2 的值。

（2）按图 4.13 所示电路在电路板上接线，再用数字万用表测量输入电阻 R_{AB}，测量结果与理论值比较。

（3）接通电源，电源电压的值可由学生自己选取，可选取 9 V、12 V 等，测量输出电压是否衰减了 1/3。

（4）测量衰减器中电阻的功率。

2. 实验内容 2 的步骤

（1）设计如图 4.16 所示的 T 形电阻衰减器时，先计算出 $\dfrac{U_o}{U_i} = \dfrac{1}{3.5}$，$\dfrac{1}{3}$，$\dfrac{1}{2}$ 时的 R 和 R_2 的值，再对每一电压比值所计算出的 R 和 R_2 的值进行以下检验。

（2）按图 4.16 所示电路在电路板上接线，再用数字万用表测量输入电阻 R_{AB}，测量结果与理论值比较。

(3) 接通电源，电源电压的值可由学生自己选取，可选取 14 V、15 V 等，测量输出电压是否衰减了 $\frac{1}{3.5}$，$\frac{1}{3}$，$\frac{1}{2}$。

(4) 再测量衰减器中每一个电阻的功率。

五、实验注意事项

(1) 在实验室取得电阻后用万用表测量其阻值。

(2) 每个同学的电路中的电源电压值可能选得不一样，但实验结论应是相同的。

(3) 实验前应对所有电路进行理论计算，这样以便与测量结果的比较和选用仪表的量程。

(4) 电路接线完后经检查无误才可接通电源，改接或拆线时应先断开电源。

六、预习要点

(1) 熟悉衰减器的概念，电路中的各种计算公式的证明。

(2) 什么是桥式电路？平衡电桥有什么特点？

(3) 熟悉衰减器中各个电阻的理论计算，功率的计算。

(4) 明确实验要达到的目的、实验内容以及步骤和方法。

(5) T 形桥式衰减器电路在什么情况下是平衡的？

(6) T 形桥式衰减器中哪个电阻消耗功率最大？哪个电阻消耗功率最小？

七、实验报告要求

(1) 画出实验原理电路图，标上参数。

(2) 叙述实验内容和步骤，给出各种理论计算的实验测量的数据。

(3) 给出实验得出的结论。

(4) 进行测量误差分析。

(5) 写出本次实验的心得体会。

八、实验设备

(1) 可调直流稳压电源 1 台。

(2) 数字万用表 1 个。

(3) 电阻元件若干。

(4) 电路板 1 块。

实验 4　叠加定理和互易定理的验证

一、实验目的

(1) 加深理解线性电路的线性性质，验证齐性原理。

(2) 加深对叠加定理的理解，验证叠加定理的正确性。

（3）验证叠加定理不适用于非线性电路，也不适用于功率计算。

二、实验原理与说明

1. 线性电路的线性性质

线性性质是线性电路的最基本的属性，它包括齐次性和可加性。

如果输入（也称激励）乘以常数，则输出（也称响应）也乘以相同的常数，这就是线性电路的齐次性，有的书上也称为齐性原理。线性电路的响应与激励成线性关系，即激励扩大 k 倍，则响应也扩大 k 倍。

为了说明线性性质的原理，考虑图 4.17 所示电路。线性电路内含有除独立源之外的其他线性元件和受控源。电压源 U_S 为激励，电流 I 为响应。设 $U_S = 10$ V 时，$I = 2$ A。根据线性性质，当 $U_S = 1$ V 时，$I = 0.2$ A。反过来也一样，如果 $I = 1$ mA，必定有 $U_S = 5$ mV。

图 4.17　线性电路的性质

也就是说，线性电路结构和参数确定后，响应和激励的关系是一个常数，即比值 $I/U_S = H$，H 为常数。

2. 叠加定理

叠加定理只适用于线性系统，它是解决许多工程问题的基础，也是分析线性电路的常用方法之一。

在线性电路中，如果有多个独立源同时作用，根据可加性，它们在任意支路中产生的电流（或电压）等于各个独立源单独作用时在该支路所产生的电流（或电压）的代数和。这一论述就是我们所说的叠加定理。

在某独立源单独作用于电路时，其他独立源应当置零。即对电压源来说，令其源电压 U_S 为零，相当于"短路"；对电流源来说，令其源电流 I_S 为零，相当于"开路"。对各独立源单独作用产生的响应（支路电流或电压）求代数和时，要注意到单电源作用时的支路电流或电压方向是否与原电路中的方向一致。若一致，则此项前为"+"号，否则取"−"号。

叠加定理只能用于计算电压或电流，功率一般不满足叠加性。因为功率与电压或电流之间不是线性关系，所以电路中所有独立电源同时作用时对某元件提供的功率，并不等于每个独立源单独作用时对该元件提供的功率的叠加。例如，对一个电阻元件，电流 i 为激励，当激励为 i_1 或 i_2 时，其功率分别是

$$P_1 = Ri_1^2 \quad 或 \quad P_2 = Ri_2^2$$

当激励为 $i_1 + i_2$ 时，有

$$P = R(i_1 + i_2)^2 = Ri_1^2 + Ri_2^2 + 2Ri_1i_2 \neq P_1 + P_2$$

因此，计算功率时可先用叠加定理求出总电流或总电压，然后再由总电流或总电压来计算功率。

3. 互易定理

互易定理是线性电路的一个重要性质。所谓互易，是指对线性电路当只有一个激励源（一般不含受控源）时，激励与其在另一支路中的响应可以等值地相互交换位置。互易定理

有三种基本形式，如图 4.18 所示的线性电路是互易定理的形式之一，在只有一个独立电压源激励下，当此激励在 m 支路作用时，对 n 支路引起的电流响应 I_n，等于此激励移至 n 支路后，在 m 支路中引起的电流响应 I'_m，即 $I_n = I'_m$。

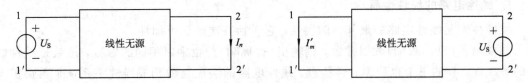

图 4.18　互易定理示意图

三、实验内容

（1）验证线性电路叠加定理及齐性原理，实验线路如图 4.19 所示。

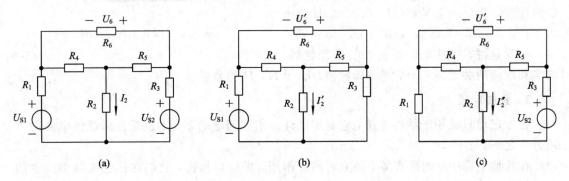

图 4.19　实验原理图

（a）两个电源共同作用的电路；（b）U_{S1} 单独作用的电路；（c）U_{S2} 单独作用的电路

图 4.19(a) 为 U_{S1}、U_{S2} 共同作用的实验电路，图 4.19(b) 为 U_{S1} 单独作用的实验电路，图 4.19(c) 为 U_{S2} 单独作用的实验电路。电路中各电阻值自选（注意，电阻值大概在 kΩ 左右）。电源电压 $U_{S1} = 15$ V，$U_{S2} = 10$ V，电流 I_2 和电压 U_6 的参考方向如图所示。测量并记录 R_2 支路电流 I_2 和 R_6 两端电压 U_6，并验证叠加定理。在图 4.19(c) 中，将 U_{S2} 提高一倍和减少一倍验证线性电路的齐次性。将测量数据填入表 4-11 中。

表 4.11　验证叠加定理的测量数据

测量项目 实验内容	测量值			理论计算值		
	U_6/V	I_2/mA	P_{R2}	U_6/V	I_2/mA	P_{R2}
U_{S1} 单独作用						
U_{S2} 单独作用						
U_{S1}、U_{S2} 共同作用						
$2U_{S2}$ 单独作用						

（2）叠加定理及齐性原理不适用于非线性电路，将图 4.19(a) 中 R_4 换成二极管，如图 4.20 所示。再使两个电源单独作用，测量数据填于表 4-12 中。

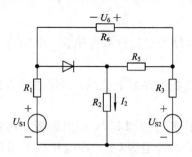

图 4.20 实验原理图

表 4-12 非线性电路叠加定理的测量数据

测量项目 实验内容	测量值			理论计算值		
	U_6/V	I_2/mA	P_{R2}	U_6/V	I_2/mA	P_{R2}
U_{S1} 单独作用						
U_{S2} 单独作用						
U_{S1}、U_{S2} 共同作用						
$2U_{S2}$ 单独作用						

（3）验证互易定理的实验线路如图 4.21 所示。

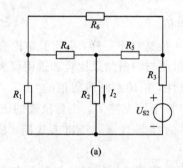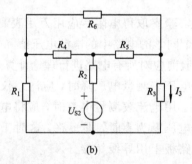

（a）   （b）

图 4.21 互易定理实验原理图

（a）激励和响应的位置；（b）激励和响应互换位置

如图 4.21(a) 电路中激励源 $U_{S2}=10\ \text{V}$，接在 R_3 支路中，测量其在 R_2 支路中的电流响应 I_2；图 4.11(b) 将激励源 $U_{S2}=10\ \text{V}$ 移至 R_2 支路，测量其 R_3 支路的电流响应 I_3。将测量数据填入表 4-13，并分析测量结果，验证互易定理。

表 4-13 验证互易定理的数据

测量项目 实验内容	测量值		理论计算值	
	I_2/mA	I_3/mA	I_2/mA	I_3/mA
U_{S2} 作用于 R_3 支路				
U_{S2} 作用于 R_2 支路				

四、实验步骤和方法

1. 实验内容(1)的步骤

(1) 对如图 4.19 的实验电路先自行选取电阻值,电阻选 kΩ 级别的值,以免电路的电流过大。

(2) 按图 4.19(a)所示电路在电路板上接线,再用数字万用表测量电路的响应,测量结果与理论值比较。

(3) 按图 4.19(b)所示电路断开电源 U_{S1},在电路板上用短路线替代,再测量响应。

(4) 按图 4.19(c)所示电路断开电源 U_{S2},在电路板上用短路线替代,再测量响应。

2. 实验内容(2)的步骤

将图 4.19(a)中 R_4 换成二极管,重复实验内容(1)的步骤。

3. 实验内容(3)的步骤

(1) 按图 4.21(a)所示电路在电路板上接线,接通电源,再用数字万用表测量电路的响应,测量结果与理论值比较。

(2) 按图 4.21(b)所示电路在电路板上接线,接通电源,再用数字万用表测量电路的响应,测量结果与理论值比较。

(3) 电源电压的值可由学生自己选取。

五、实验注意事项

(1) 在实验室取得电阻后应用万用表测量其阻值。

(2) 每个同学的电路中的电源电压值和电阻值可能选得不一样,但实验结论应是相同的。

(3) 实验前应对所有电路进行理论计算,这样以便与测量结果比较和选用仪表的量程。

(4) 用电压表测量电压降时,应注意仪表的极性,正确判断测得值的"+"、"−"号,记入数据表格。用电流表测量电流时,应将电流表串接于该支路中,注意仪表的极性。

(5) 当电压源为零时,即短路,这时千万不要直接将直流稳压电源短路,应先断开电源后,在电路板上用导线短接。

(6) 电路接线完后经检查无误后才可接通电源,改接或拆线时应先断开电源。

六、预习要点

(1) 什么是齐性原理、叠加定理和互易定理?它们的适用范围是什么?

(2) 在叠加原理实验中,要令 U_{S1}、U_{S2} 分别单独作用,应如何操作?可否直接将直流稳压电源(U_{S1} 或 U_{S2})短接置零?

(3) 进行实验电路的理论计算。

(4) 明确实验要达到的目的、实验内容,以及实验步骤和方法。

七、实验报告要求

(1) 画出实验原理电路图,标上参数。

(2) 叙述实验内容和步骤,给出各种理论计算的实验测量的数据。

（3）给出实验得出的结论。

（4）进行测量误差分析。

（5）写出本次实验的心得体会。

八、实验设备

（1）可调直流稳压电源 1 台。

（2）数字万用表 1 个。

（3）电阻元件若干。

（4）电路板 1 块。

实验 5　单口网络的测试及其等效电路

一、实验目的

（1）学习单口网络外特性的测定方法。

（2）加深对戴维南定理的理解，验证戴维南定理的正确性。

（3）掌握有源二端网络等效参数测量的一般方法。

二、实验原理与说明

1. 单口网络的外特性

任何一个二端元件的特性都可用该元件上的端电压 U 与通过该元件的电流 I 之间的函数关系 $I = f(U)$ 来表示，即用 $I-U$ 平面上的一条曲线来表征，这条曲线称为元件的伏安特性曲线。

有源单口网络的外特性，可以用一个实际的电压源模型的外特性来代替，如图 4.22 所示，其伏安关系为

$$U = U_S - R_S I$$

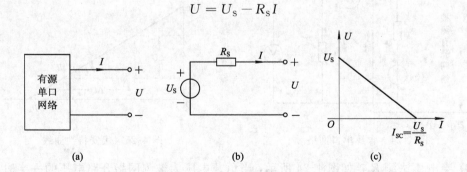

图 4.22　单口网络的外特性

（a）有源单口网络；（b）实际电压模型；（c）伏安特性曲线

2. 戴维南定理

任何一个线性含源网络，如果仅研究其中一条支路的电压和电流，则可将电路的其余部分看做是一个有源二端网络（或称为含源单口网络）。

戴维南定理：线性含源二端网络可以用一个电压源 U_{Th} 与一个电阻 R_{Th} 串联的等效电路替换。其中，U_{Th} 是端口的开路电压 U_{OC}；R_{Th} 是令独立源为零后端口的等效电阻 R_0。如图 4.23 所示。

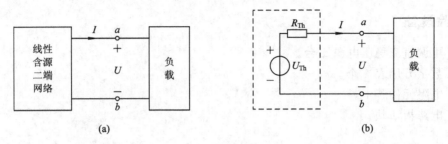

图 4.23　戴维南定理

（a）线性含源二端网络；（b）等效电路

3. 戴维南等效参数的测量

$U_{OC}(U_{Th})$ 和 $R_0(R_{Th})$ 称为有源二端网络的等效参数。开路电压的测量比较容易，直接用电压表测量开路时的电压就可以了。测量等效电阻的方法主要有以下两种。

（1）伏安关系法。当将一个含源单口网络采用如图 4.24 所示电路连接，外接负载为可调电阻 R，当 R 从 $0 \sim \infty$ 之间调节时，分别测得不同电阻值下的电流、电压，即可测得上述有源端口网络的外特性。如图 4.25 所示。其中，单口网络的内阻为

$$R_0 = \tan\Phi = \frac{\Delta U}{\Delta I} = \frac{U_{OC}}{I_{SC}}$$

也可以先测量开路电压 U_{OC}，再测量电流为额定值 I_N 时的输出端电压值 U_N，则内阻为

$$R_0 = \frac{U_{OC} - U_N}{I_N}$$

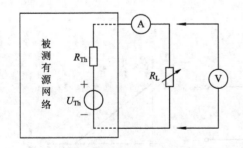

图 4.24　含源单口网络

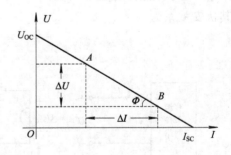

图 4.25　伏安特性曲线

（2）半电压法测 R_0。如图 4.24 所示，当负载电压为被测网络开路电压的一半时，负载电阻（由电阻的读数确定）即为被测有源二端网络的等效内阻值。

三、实验内容

（1）按图 4.26 构成一有源单口网络，从 ab 端外接电流表和负载电阻 R，调节 R，测定其电路的伏安特性，画出伏安特性曲线。实验中有源单口网络的构成由学生自行选电阻连

接组成,其中电压源 U_{S1} 和 U_{S2} 的大小由实验室提供的稳压电源给定。测出的数据填于表 4-14 中。

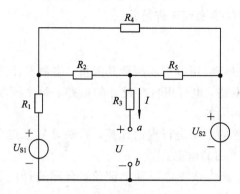

图 4.26　有源单口网络

表 4-14　单口网络测量电压和电流数据

U/V					
I/mA					

(2) 由所测有源单口网络的等效参数构造一个戴维南等效电路,再测定其等效电路的外特性。测出的数据填于表 4-15 中。

表 4-15　戴维南等效电路测量电压和电流数据

U/V					
I/mA					

四、实验步骤和方法

(1) 按图 4.26 所示的电路或自选电路选择电阻,理论计算出有源单口电路的开路电压、等效电阻,以便与实验结果比较。

(2) 负载实验。接入负载电阻 R_L,改变 R_L 阻值,测量有源二端网络的外特性曲线。

(3) 获得有源单口网络的等效参数。

① 开路电压 U_{OC} 可用万用表测得,也可从伏安特性中得出。

② 等效电阻 R_0 可用四种方法获得:

a. 从伏安特性中得出 $R_0 = \tan\Phi = \dfrac{\Delta U}{\Delta I}$。

b. 用开路电路得出 $R_0 = \dfrac{U_{OC} - U_N}{I_N}$。

c. 半电压法测出 R_0。

d. 用万用表测量。有源二端网络等效电阻(又称入端电阻)的直接测量法,将被测有源网络内的所有独立源置零(去掉电流源 I_S 和电压源 U_S,并在原电压源所接的两点用一根短路导线相连),然后用伏安法或直接用万用表的欧姆挡去测定负载 R_L 开路时 a、b 两点间的电阻,此即为被测网络的等效内阻 R_0,或称网络的入端电阻 R_i。

（4）验证戴维南定理：用电阻构成等效电阻接步骤（3）所得的 R_0 之值，然后令其与直流稳压电源（调到步骤"（3）"时所测得的开路电压 U_{OC} 之值）相串联，如图 4.24 所示，仿照步骤"（2）"测其外特性，对戴维南定理进行验证。

五、实验注意事项

（1）在实验室取得电阻后应用万用表测量其阻值，电源电压选取应在 10 V 左右。

（2）可用以上提供的电路，也可用自行设计的电路。每个同学的电路和电阻值都要求不一样，但实验结论应是相同的。

（3）实验前应对所实验的电路进行理论计算，特别是等效电阻的计算，以便构成戴维南等效电路时选用实验室可用的电阻。

（4）进行不同实验时，应先估算电压和电流值，合理选择仪表的量程，勿使仪表超过量程，仪表的极性也不可接错。

（5）用万用表直接测量内阻 R_0 时，电压源置零时不可将稳压源短接，应将电源切断后，在电路板的两点用导线短接。

（6）电路接线完后经检查无误后才可接通电源，改接或拆线时应先断开电源。

六、预习要点

（1）什么是戴维南定理？何谓"等效"？

（2）实际电压源内阻对端电压有何影响？

（3）完成实验电路及参数的设计，试计算理论值，选取电阻的值，拟订测量的方案。

（4）在本实验中可否直接做负载短路实验？请实验前对所设计的电路预先做好计算，以便调整实验线路及测量时可准确地选取电表的量程。

（5）说明测量有源二端网络开路电压及等效内阻的几种方法，并比较其优缺点。

（6）明确实验要达到的目的、实验内容，以及实验步骤和方法。

（7）提前画好实验所用的数据表格。

七、实验报告要求

（1）画出实验原理电路图，标上参数。

（2）叙述实验内容和步骤，给出各种理论计算的实验测量的数据。根据实验数据，在坐标纸上绘出所测伏安特性曲线。

（3）对比前后所测两组数据及所描绘的外特性曲线，分析误差。

（4）写出本次实验的心得体会。

八、实验设备

（1）可调直流稳压电源 1 台。

（2）数字万用表 1 个。

（3）电阻元件及可调电阻若干。

（4）电路板 1 块。

第 5 章　动态电路实验

　　本章主要学习动态电路的实验方法，涉及信号发生器、示波器的使用。通过对动态元件、一阶、二阶电路激励和响应波形的测试，进一步加深对动态电路中时间常数、振荡和非振荡波形的产生原理的认识。

实验 6　动态元件伏安关系的测量

一、实验目的

　　(1) 掌握用示波器测量电压、电流、相位等基本电量的方法。

　　(2) 掌握信号发生器、示波器的使用方法。

　　(3) 验证电容元件的伏安关系。

二、实验原理与说明

　　信号发生器主要作为研究电路的频率特性和其他特性时所需要的信号源，信号源是测量系统中不可缺少的重要组成部分，一些电参数只有在一定电信号的作用下才能表现出来。一般信号发生器能直接产生正弦波、三角波、方波、锯齿波和脉冲波。本实验采用 EE1641B1 和 EE1641D 函数信号发生器，其说明见附录 A。

　　示波器的最大特点是能将抽象的电信号和电信号的产生过程转变成具体的可见的图像，以便于人们对信号和电路特性进行定性分析和定量测量，如信号的幅度、周期、频率、脉冲宽度及同频信号的相位。本实验采用 GOS–620 20 MHz 双轨迹示波器和 TDS1002 型数字式存储示波器，其说明见附录 B。

1. 信号电压的测量

　　示波器测量电压主要采用直接测量法，即直接从示波器屏幕上测量出被测电压的高度，然后换算成电压值。被测电压的峰—峰值为

$$U_{\text{p-p}} = D_y \times h \times 探极位置$$

其中，h 为被测量信号峰—峰值高度，单位为 cm；D_y 为 Y 轴灵敏度，单位为 V/cm 或 mV/cm。

　　如果当探头置 ×10，即分压比为 10∶1 时，Y 轴灵敏度 (V/div) 为 0.1 V/cm，h 值为 4 cm，则可得到电压的峰—峰值为

$$U_{\text{p-p}} = 0.1 \text{ V/cm} \times 4 \text{ cm} \times 10 = 4 \text{ V}$$

值得注意的是，测量对象是交流电压时，输入耦合方式应选择"AC"，被测对象是直流电压时，耦合方式应选择"DC"。另外，在测量信号输入之前，应把扫描基线调整到零电位。

2. 信号电流的测量

用示波器不能直接测量电流。若要用示波器观测某支路的电流，一般在该支路中串入一个"采样电阻"，如图 5.1 所示的电阻 r。当电路中的电流流过电阻 r 时，在 r 两端得到的电压与 r 中的电流波形完全一样，测出 u_r 就可得到该支路的电流，即

$$i = \frac{u_r}{r}$$

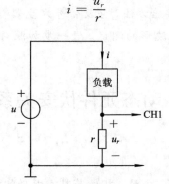

图 5.1　电流的测量

3. 时间的测量

信号时间的测量包括对信号的周期和时间常数的测量。信号周期的测量是在保证时基旋钮（即扫描时间 Time/div）调至适当位置时，读出荧光屏上显示的波形所占水平距离 $L(\text{cm})$，乘以时基旋钮（Time/cm）读数 D_t，即被测信号的时间为

$$T = L \times D_t$$

例如，Time/cm 读数为 10 ms/cm，被测波形的水平距离为 2 cm，则被测信号周期为

$$T = 2 \text{ cm} \times 10 \text{ ms/cm} = 20 \text{ ms}$$

4. 相位差的测量

两个同频率的正弦波的初相之差称为相位差。

例如，$u_1 = 10 \sin(\omega t + 45°)$，$u_2 = 20 \cos(\omega t + 45°)$，求正弦波 u_1 与 u_2 的相位差。可以将 u_1 化成 cos，即

$$u_1 = 10 \sin(\omega t + 45°) = 10 \cos(\omega t + 45° - 90°)$$
$$= 10 \cos(\omega t - 45°)$$

相位差为 $\theta = -45° - 45° = -90°$。表示 u_1 滞后 u_2 90°，或 u_2 超前 u_1 90°。

测量两个正弦信号的相位差一般采用双迹法。如图 5.2 所示，将两个频率相同的信号接入双踪示波器的两个输入端 CH1 和 CH2，并把两通道的输入信号均以 YT 方式显示在屏幕上。从图中读取 L_1、L_2 的格数，则它们的相位差为

$$\varphi = \frac{360°}{L_2} \cdot L_1$$

其中，φ 的单位为度。

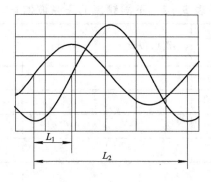

图 5.2 相位的测量

5. 电容元件伏安关系的测量

电容元件是一种电子元件,它由绝缘体或电介质材料隔离的两个导体组成。

设电容元件端电压和电流为关联参考方向,则有

$$i_{\mathrm{C}} = C \frac{\mathrm{d}u_{\mathrm{C}}}{\mathrm{d}t}$$

上式表示了电容元件的伏安关系,电容电流是与其电压的变化率成比例的。

例如,在电容元件两端加正弦电压 $u_{\mathrm{C}} = 5 \sin(2000\pi t)$ V,选电容 $C = 0.1\ \mu\mathrm{F}$,则电容电流为

$$
\begin{aligned}
i_{\mathrm{C}} &= C \frac{\mathrm{d}}{\mathrm{d}t}[5 \sin(2000\pi t)] \\
&= 0.1 \times 10^{-6} \times 5 \times 2000\pi \cos(2500\pi t) \\
&= 0.0314 \sin(2000\pi t + 90°)\ \mathrm{A}
\end{aligned}
$$

三、实验内容

(1) 使用 CH1 通道对示波器本身提供的校准信号自检。

GOS - 620 20 MHz 双轨迹示波器 CAL($2V_{\mathrm{p-p}}$):探头校正信号输出端,此端子输出一个 $U_{\mathrm{p-p}} = 2$ V,$f = 1$ kHz 的方波。

TDS1002 型数字式存储示波器校准信号 $U_{\mathrm{p-p}} = 5$ V,$f = 1$ kHz 的方波。

适当调整 Y 轴旋钮读取方波峰—峰值,调整时间轴旋钮读取方波周期(频率),将读数填入表 5 - 1。

表 5 - 1 TDS1002 型数字式存储示波器校准信号值和实测值

	校准值	实测值
峰—峰值/V		
频率/kHz		

(2) 分别用示波器与万用表测量函数信号发生器输出电压 $V_{\mathrm{p-p}} = 5$ V 的不同频率的正弦波信号,并记录在表 5 - 2 中。

表 5 - 2　不同频率的正弦波信号

信号源频率	信号源电压 U_{p-p}/V	探极位置	h/cm	V/cm	示波器测量 U_{p-p}/V
100/Hz					
1/kHz					
10/kHz					
100/kHz					

（3）用信号发生器输出频率 $f=1$ kHz，电压(U_{p-p})＝4 V 的方波信号，如图 5.3 所示，分别用示波器的不同测量法测量，并记录在表 5 - 3 中。

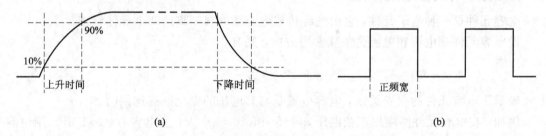

(a)　　　　　　　　　　　　　　　　(b)

图 5.3　方波上升时间、下降时间及正频宽

（a）方波上升时间和下降时间；（b）方波的正频宽

表 5 - 3　不同测量方法测量的方波信号

	信号源标称值	示波器自动测量值	示波器光标测量值
电压 U_{p-p}/V			
频率 f/kHz			
周期 T/ms			
上升时间/μs			
下降时间/μs			
正频宽/ms			

（4）用电容和电阻组成一个串联电路，如图 5.4 所示，输入端加以正弦信号，频率为 1000 Hz，电压峰—峰值为 2 V，用示波器同时观测并记录输入信号 u_i 和电阻 u_R 的电压波形，并比较两者之间的相位关系。将读数填入表 5 - 4，并与理论值比较。

表 5 - 4　输入信号 u_i 和电阻 u_R 的测量值与理论值

	测量值			理论值	
	峰—峰值/V	相位/°	超前或滞后	峰—峰值/V	相位/°
u_i					
u_R					

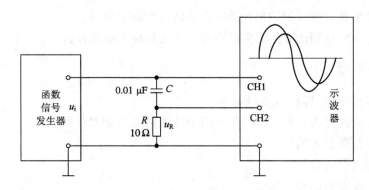

图 5.4 电容元件伏安关系的测量

(5)（选做）如图 5.4 所示，输入端加以三角波信号，频率为 1000 Hz，电压峰—峰值为 2 V，用示波器同时观测并记录输入信号 u_i 和电阻 u_R 的电压波形，验证电容元件的伏安关系。

$$i_C = C \frac{du_C}{dt}$$

四、实验步骤和方法

(1) 实验内容（1）～（3）的实验中读取数据和获得测量值的转换方法见实验原理与说明。

(2) 实验内容（4）的电路中，$R = 10 \ \Omega$ 为取样电阻，实际是测量电容中的电流，为了减少误差，取样电阻 R 应尽量地小，一般为 $R \ll 1/(\omega C)$。

(3) 实验内容（5）是用三角波作为电容电压的，其导数波形应该是方波，即电容电流的波形。通过测量数据来验证电容电流与电压的微分关系。

五、实验注意事项

(1) 测量中，信号发生器作为信号源，示波器作为测量仪器，它们的公共端必须与电路中的"⊥"端接在一起。

(2) 测量中，应注意 u_i 大小的选择，保证测出的波形，且不损坏元件。

(3) 实验前应对 RC 串联电路进行理论计算，这样以便与测量结果比较。

(4) 电路接线完并经检查无误后才可接通信号源，改接或拆线时应先断开信号源。

六、预习要点

(1) 实验内容（1）～（3）为信号发生器和示波器的使用练习，在实验前应详细阅读实验室仪器的使用说明。

(2) 如何进行示波器的校准？

(3) 如果示波器屏幕上显示的信号波形幅度太大或太小，应调节哪个旋钮使幅度适中？

(4) 什么是占空比？如何用函数信号发生器输出一个占空比为 1:2 的方波信号？

(5) 如何用示波器测量电流？取样电阻的作用是什么？

（6）信号发生器有哪几种输出波形？它的输出端能否短接？

（7）明确实验要达到的目的、实验内容，以及实验步骤和方法。

七、实验报告要求

（1）画出实验原理电路图，标上参数。

（2）叙述实验内容和步骤，给出各种理论计算的实验测量的数据。

（3）给出实验得出的结论。

（4）进行测量误差分析。

（5）写出本次实验的心得体会。

八、实验设备

（1）GOS－620 20 MHz 双轨迹示波器或 TDS1002 型数字式存储示波器 1 台。

（2）EE1641B1 函数信号发生器或 EE1641D 函数信号发生器 1 块。

（3）电阻、电容元件若干。

（4）电路板 1 块。

实验 7　一阶电路的响应

一、实验目的

（1）学习用示波器观察 RC 一阶电路的零输入响应、零状态响应及全响应。

（2）学习 RC 一阶电路时间常数的测量方法。

（3）掌握有关微分电路和积分电路的概念。

（4）观察一阶电路在周期方波信号激励时的响应波形，掌握其规律和特点。

二、实验原理与说明

1. 零输入响应和零状态响应的测量

动态网络的过渡过程是十分短暂的单次变化过程。要用普通示波器观察过渡过程和测量有关的参数，就必须使这种单次变化的过程重复出现。为此，我们利用信号发生器输出的方波来模拟阶跃激励信号，即利用方波输出的上升沿作为零状态响应的正阶跃激励信号，利用方波的下降沿作为零输入响应的负阶跃激励信号。只要选择方波的重复周期远大于电路的时间常数，那么电路在这样的方波序列脉冲信号的激励下，它的响应就和直流电接通与断开的过渡过程是基本相同的。

2. 时间常数的测量

如图 5.5(a)所示为 RC 一阶电路，其零输入响应如图 5.5(b)所示，零状态响应如图 5.5(c)所示，分别按指数规律衰减和增长，其变化的快慢决定于时间常数。

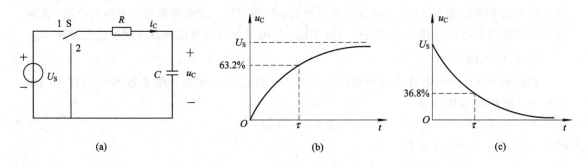

图 5.5 一阶电路的时间常数

RC 电路充放电的时间常数 τ 可以从响应波形中估算出来。设时间单位 t 确定，对于充电曲线，幅值上升到终值的 63.2% 所对应的时间即为一个 τ（如图 5.5(b)所示）。对于放电曲线，幅值下降到初始值的 36.8% 所对应的时间即为一个 τ（如图 5.5(c)所示）。（在示波器荧光屏上可以将初始值与终值之差在垂直方向上调成 5.4 格，这样，3.4 格近似为 63.2%，2 格近似为 36.8%。）

3. 微分电路

微分电路是 RC 一阶电路中较典型的电路，考虑如图 5.6(a)所示电路，根据 KVL，有

$$u_i = u_C + u_o$$

当 $u_o \ll u_C$ 时，$u_i \approx u_C$，所以

$$u_o = Ri_C = RC\frac{\mathrm{d}u_C}{\mathrm{d}t} \approx RC\frac{\mathrm{d}u_i}{\mathrm{d}t}$$

为使 $u_o \ll u_C$，必有 $Ri_C \ll \dfrac{1}{C}\displaystyle\int i_C\,\mathrm{d}t$。

故 $\tau = RC$ 必须要很小。在这种情况下，图 5.6(a)所示电路就称为微分电路，电路中各电压波形如图 5.6(b)所示。

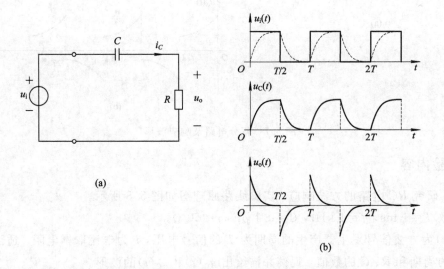

图 5.6 微分电路及响应波形

可见，一个简单的 RC 串联电路，在方波序列脉冲的重复激励下，当满足 $\tau \ll T/2$（T 为

方波脉冲的重复周期），且由 R 两端的电压作为响应输出时，该电路就是一个微分电路。此时电路的输出信号电压与输入电压的微分成正比。利用微分电路可以将方波转换成尖脉冲。

4. 积分电路

若将图 5.6(a) 中 R 与 C 的位置调换一下，如图 5.7(a) 所示，由 C 两端的电压作为响应输出，则根据 KVL，有

$$u_i = u_R + u_o$$

当 $u_o \ll u_R$ 时，$u_i \approx u_R$，所以

$$u_o = \frac{1}{C}\int i_C\, dt = \frac{1}{RC}\int u_R\, dt \approx \frac{1}{RC}\int u_1\, dt$$

为使 $u_o \ll u_R$，必有 $\frac{1}{C}\int i_C\, dt \ll Ri_C$，故 $\tau = RC$ 必须要很大。在这种情况下图 5.7(a) 所示电路就称为积分电路。电路中各电压波形如图 5.7(b) 所示。此时电路的输出信号电压与输入信号电压的积分成正比。利用积分电路可以将方波变成三角波。

从输入/输出波形来看，上述两个电路均起着波形变换的作用，请在实验过程中仔细观察并记录。

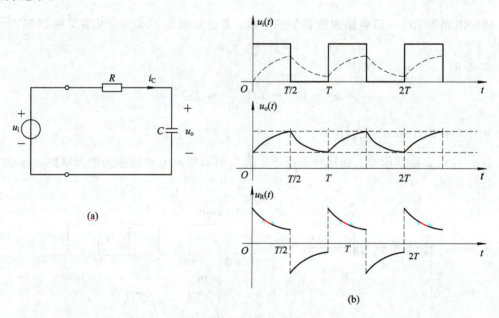

图 5.7　积分电路及响应波形

三、实验内容

(1) 研究 RC 电路的方波响应，实验线路原理图如图 5.8 所示。

选取 $T = 1$ ms，$f = 1$ kHz，$C = 0.1\ \mu$F，$r = 50\ \Omega$。

$u_i(t)$ 为方波信号发生器产生的周期为 T 的信号电压，r 为电流取样电阻。适当选取方波电源的周期和 R、C 的数值，观察并描绘出 $u_C(t)$ 和 $i_C(t)$ 的波形。

改变 R 或 C 的数值，分别使 $RC = T/10$，$RC \ll T/2$，$RC = T/2$，$RC \gg T/2$，观察 $u_C(t)$ 和 $i_C(t)$ 如何变化，并作记录。

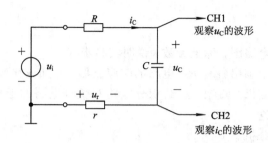

图 5.8 RC 一阶电路的实验电路

（2）设计一个微分器电路，对于频率为 $f=1$ kHz 的方波信号的微分输出满足：

① 尖脉冲的幅度大于 1 V；

② 脉冲衰减到零的时间 $t<T/10$，电容值选取：$C=0.1$ μF 时 R 取值范围。

四、实验步骤和方法

（1）计算出 $RC=T/10$，$RC\ll T/2$，$RC=T/2$，$RC\gg T/2$ 的 R 值，C 不变。

（2）每改变一次 R 的值，记录 $u_C(t)$ 和 $i_C(t)$ 的波形，观察时间常数对输出电压波形的影响，从而进一步理解积分电路的作用。

（3）设计出实验内容（2）的微分电路，选取参数。

（4）按所设计的微分电路接线，用示波器观察和测量输出电压波形，检验是否满足设计要求，若不满足要求，则找出原因，修改参数，再进行实验。

五、实验注意事项

（1）调节电子仪器各旋钮时，动作不要过快、过猛。实验前，需熟悉双踪示波器的使用。观察双踪时，要特别注意相应开关、旋钮的操作与调节。

（2）信号源的接地端与示波器的接地端要连在一起（称共地），以防外界干扰而影响测量的准确性。

（3）示波器的辉度不应过亮，尤其是光点长期停留在荧光屏上不动时，应将辉度调暗，以延长示波管的使用寿命。

（4）调节示波器时，要注意触发开关和电平调节旋钮的配合使用，以使显示的波形稳定。

（5）作定量测定时，"T/div"和"V/div"的微调旋钮应旋至"校准"位置。

六、预习要点

（1）什么是零输入响应、零状态响应？

（2）在使用示波器观察零输入响应和零状态响应时，用什么信号作为激励源？

（3）何谓积分电路和微分电路，它们必须具备什么条件？它们在方波序列脉冲的激励下，其输出信号波形的变化规律如何？这两种电路有什么作用？

（4）什么叫时间常数？它在电路中起什么作用？

（5）完成实验内容（2）的电路设计，试计算时间常数，选取电阻的值，拟订测量的方案。

（6）明确实验目的、内容以及步骤和方法。

七、实验报告要求

（1）画出实验原理电路图，标上参数，说明实验步骤。

（2）根据示波器显示画出各种 RC 电路的响应波形，并加以比较。

（3）根据实验观测结果，归纳、总结积分电路和微分电路的形成条件，阐明波形变换的特征，实验得出的结论。

（4）进行测量误差分析。

（5）写出本次实验的心得体会。

八、实验设备

（1）GOS - 620 20 MHz 双轨迹示波器或 TDS1002 型数字式存储示波器 1 台。

（2）EE1641B1 函数信号发生器或 EE1641D 函数信号发生器 1 块。

（3）电阻、电容元件若干。

（4）电路板 1 块。

实验 8　二阶电路的响应

一、实验目的

（1）观察、分析二阶电路响应的三种过渡过程曲线及其特点，以加深对二阶电路响应的认识和理解。

（2）观测二阶动态电路的零状态响应和零输入响应，了解电路元件参数对响应的影响。

（3）学习欠阻尼响应波形的衰减振荡频率 ω_d 和衰减系数 α 的测量。

二、实验原理与说明

（1）RLC 串联电路，无论是零输入响应，还是零状态响应，电路过渡过程的性质都由特征方程

$$LCp^2 + RCp + 1 = 0$$

的特征根

$$p_{1,2} = -\frac{R}{2L} \pm \sqrt{\left(\frac{R}{2L}\right)^2 - \left(\frac{1}{LC}\right)^2} = -\alpha \pm \sqrt{\alpha^2 - \omega_0^2} = -\alpha \pm j\omega_d$$

决定。其中，$\alpha = \dfrac{R}{2L}$，称为衰减系数；$\omega_0 = \dfrac{1}{\sqrt{LC}}$，称为谐振频率；$\omega_d = \sqrt{\omega_0^2 - \alpha^2}$，称为衰减振荡频率。

① 如果 $R > 2\sqrt{\dfrac{L}{C}}$，则 $p_{1,2}$ 为两个不相等的负实根，电路过渡过程的性质为过阻尼的非振荡过程。

② 如果 $R = 2\sqrt{\dfrac{L}{C}}$，则 $p_{1,2}$ 为两个相等的负实根，电路过渡过程的性质为临界阻尼的

非振荡过程。

③ 如果 $R < 2\sqrt{\dfrac{L}{C}}$，则 $p_{1,2}$ 为一对共轭复根，电路过渡过程的性质为欠阻尼的振荡过程。

改变电路参数 R、L 或 C，均可使电路发生上述三种不同性质的过程。

（2）由于 RLC 电路中存在着两种不同性质的储能元件，因此它的过渡过程就不仅是单纯的积累能量和释放能量，还可能发生电容的电场能量和电感的磁场能量互相反复交换的过程，这一点取决于电路参数。当电阻比较小时（该电阻应是电感线圈本身的电阻和回路中其余部分电阻之和），电阻上消耗的能量较小，而 L 和 C 之间的能量交换占主导位置，则电路中的电流表现为振荡过程；当电阻较大时，能量来不及交换就在电阻中消耗掉了，使电路只发生单纯的积累或放出能量的过程，即非振荡过程。

（3）在电路发生振荡过程时，其振荡的性质也可分为三种情况。

① 衰减振荡：电路中电压或电流的振荡幅度按指数规律逐渐减小，最后衰减到零。

② 等幅振荡：电路中电压或电流的振荡幅度保持不变，相当于电路中电阻为零，振荡过程不消耗能量。

③ 增幅振荡：电压或电流的振荡幅度按指数规律逐渐增加，相当于电路中存在负值电阻，振荡过程中逐渐得到能量补充。

（4）RLC 二阶电路瞬态响应的各种形式与条件可归结如下：

① $R > 2\sqrt{\dfrac{L}{C}}$，非振荡阻尼过程。

② $R = 2\sqrt{\dfrac{L}{C}}$，非振荡临界阻尼过程。

③ $R < 2\sqrt{\dfrac{L}{C}}$，衰减振荡状态。

④ $R = 0$，等幅振荡状态。

⑤ $R < 0$，增幅振荡状态。

必须注意，要实现最后两种状态，需在电路中接入负电阻元件。

（5）无论是零输入响应，还是零状态响应，电路响应 α、ω_{d} 是相同的。现以零输入响应来分析。如图 5.9 所示的零输入响应波形中，

$$T_{\mathrm{d}} = t_2 - t_1, \qquad \omega_{\mathrm{d}} = \frac{2\pi}{T_{\mathrm{d}}}$$

由于

$$u_{\mathrm{C}} = A \mathrm{e}^{-\alpha t} \sin(\omega t + \beta)$$

而峰值时 $\sin(\omega t + \beta) = \pm 1$，故

$$-U_{1\mathrm{m}} = A \mathrm{e}^{-\alpha t_1}, \qquad -U_{2\mathrm{m}} = A \mathrm{e}^{-\alpha t_2}$$

得

$$\frac{U_{1\mathrm{m}}}{U_{2\mathrm{m}}} = \mathrm{e}^{\alpha(t_2 - t_1)}$$

所以

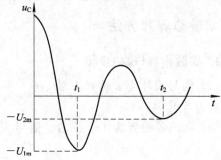

图 5.9　零输入响应波形

$$\alpha = \frac{1}{T_d} \ln \frac{U_{1m}}{U_{2m}}$$

三、实验内容

（1） RLC 串联电路的实验线路原理图如图 5.10 所示。调节电阻 R，观察并记录 $u_S(t)$，$u_C(t)$ 的零输入响应、零状态响应。

选取 $f=500$ Hz；$R=10$ kΩ（可调）；$C=5600$ pF，0.01 μF；$L=10$ mH。

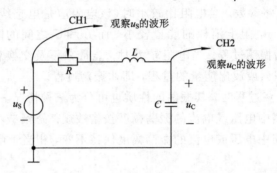

图 5.10　二阶电路的实验电路

（2） 在欠阻尼情况下，选取 R，改变 L 或 C 的值，观察 $u_C(t)$ 的变化趋势。选取 L，改变 R，观察衰减快慢及振荡幅度，改变 C 观察振荡频率等。将测量参数填于表 5−5 中，并画出波形图。

表 5−5　测　量　参　数

电路参数 实验次数	元件参数				u_C 测量值					u_C 理论值		
	R/kΩ	$R'=2\sqrt{\dfrac{L}{C}}$	L	C	T_d/μs	U_{1m}/V	U_{2m}/V	α	ω_d/(rad/s)	α	ω_d/(rad/s)	ω_d/(rad/s)
1			10 mH	0.01 μF								
2			10 mH	5600 pF								
3			10 mH	5600 pF								

注：R 取 $R'/4$ 以下，因电阻越小振荡越强烈，用示波器越容易观察记录。

四、实验步骤和方法

1. 实验内容(1)的步骤

（1）信号发生器：选择方波，$f=500$ Hz 的信号。电压幅值 5 V，直流电平（偏移量 offset）为 5 V。

（2）示波器设置为 DC 耦合。信号发生器、示波器与 RLC 串联电路按图 5.10 所示接线。

（3）改变 R 的数值，使电路分别处于过阻尼、临界阻尼、欠阻尼状态，观察并描绘出 $u_S(t)$ 和 $u_C(t)$ 的波形。

2. 实验内容(2)的步骤

(1) 在欠阻尼情况下继续改变 R，观察 $u_C(t)$ 波形中 R 对衰减系数 α 的影响。

(2) 在欠阻尼情况下改变 C，观察 $u_C(t)$ 波形中 C 对衰减振荡频率 ω_d 的影响。

(3) 按表 5-5 中要求 R 分别取

$$R \approx \frac{R'}{4}, \quad R \approx \frac{R'}{4}, \quad R \approx \frac{R'}{4}$$

观察仿真与实验波形，并作记录。

例如，计算 R 值。当 $L=10$ mH，$C=5600$ pF 时，取 $R \approx \dfrac{R'}{4}$，由于临界电阻为

$$R' = 2\sqrt{\frac{10 \times 10^{-3}}{5600 \times 10^{-12}}} = 2.67 \text{ k}\Omega$$

则

$$R = \frac{R'}{4} = 0.67 \text{ k}\Omega$$

计算 α 及 ω_d：

$$\alpha = \frac{R}{2L} = \frac{670}{2 \times 0.01} = 33\ 500$$

$$\omega_0 = \frac{1}{\sqrt{LC}} = \frac{1}{\sqrt{0.01 \times 5600 \times 10^{-12}}} = 1.34 \times 10^5 \text{ rad/s}$$

$$\omega_d = \sqrt{\omega_0^2 - \alpha^2} = \sqrt{(1.34 \times 10^5)^2 - 33\ 500^2} = 1.3 \times 10^5 \text{ rad/s}$$

五、实验注意事项

(1) 调节 R 时，要细心、缓慢，临界阻尼要找准。

(2) 整个实验过程中信号发生器产生方波的频率可以改变。

(3) 用示波器的两个输入通道同时观察时，可改变连线的颜色，在示波器上就会显示不同颜色的波形。

(4) 读数时按照零输入响应曲线读取，且峰值要读准确。

六、预习要点

(1) 什么是二阶电路？RLC 串联电路的零输入响应和零状态响应如何求解？

(2) RLC 串联电路的零输入响应有几种形式？如何判别？

(3) RLC 串联电路的零输入响应原属于临界情况，增大或减小 R 的数值，电路的响应将分别改变为过阻尼还是欠阻尼情况？说明原因。

(4) 在 RLC 串联电路中，R 可调范围内，零输入响应均属于欠阻尼情况。试说明增大或减小 R 的数值，对衰减系数 α 和振荡角频率 ω_d 各有什么影响。

(5) RLC 串联电路的衰减系数 α 及固有频率 ω_0 与信号源有无关系？

(6) RLC 串联电路的衰减系数 α 和振荡角频率 ω_d 与哪些电路参数有关？

(7) 读取峰值时，什么要根据零输入响应曲线来确定？

七、实验报告要求

（1）画出实验原理电路图，标上参数。

（2）观测结果，在方格纸上描绘二阶电路过阻尼、临界阻尼和欠阻尼的响应波形。

（3）计算欠阻尼振荡曲线上的衰减常数和振荡频率。

（4）进行测量误差分析。

（5）归纳、总结电路元件参数的改变对响应变化趋势的影响。

（6）写出本次实验的心得体会。

八、实验设备

（1）GOS‐620 20 MHz 双轨迹示波器或 TDS1002 型数字式存储示波器 1 台。

（2）EE1641B1 函数信号发生器或 EE1641D 函数信号发生器 1 块。

（3）可调电阻 10 kΩ 一个，电感 10 mH 一个，电容 0.01 μF、5600 pF、2200 pF 各 1 个。

（4）电路板 1 块。

第 6 章　正弦交流电路实验

本章主要学习正弦交流电路的实验方法，涉及交流电压表、交流电流表、功率表以及信号发生器和示波器的使用。通过对正弦交流电路、三相电路、互感电路的测试，进一步加深对正弦交流电路、阻抗、正弦交流功率、三相电路的认识。

实验 9　RC 移相电路的测试

一、实验目的

（1）掌握移相电路的测试方法。

（2）掌握相位差的测量方法。

（3）加深对"移相"概念的理解，了解移相电路的用途。

二、实验原理与说明

1. RC 移相电路 1

RC 移相电路如图 6.1(a)所示，输出电压 $\dot{U}_o$ 与输入电压 $\dot{U}_i$ 之间的相位差 θ 随可调电阻 R 的改变而改变。当 R 由 0→∞时，移相电路输入电压 $\dot{U}_i$ 与输出电压 $\dot{U}_o$ 的移相范围和特点可以用相量图来说明。

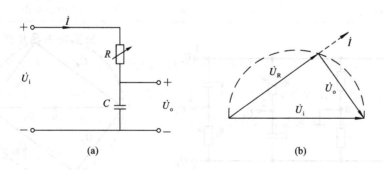

图 6.1　RC 移相电路 1

首先画相量图，为了叙述方便起见，以输入电压 $\dot{U}_i$ 为参考相量。由于是 RC 支路，因此电流相量 $\dot{I}$ 超前 $\dot{U}_i$，电阻上的电压 $\dot{U}_R$ 与 $\dot{I}$ 同相，电容电压 $\dot{U}_o$ 比 $\dot{I}$ 滞后 90°。又根据 KVL，电压方程为 $\dot{U}_i = \dot{U}_R + \dot{U}_o$，显然，这三个电压构成电压三角形，如图 6.1(b)所示。当 R 改变时，$\dot{U}_R$ 和 $\dot{U}_o$ 就要改变，但三个电压始终保持直角三角形。由几何关系可知，随 R

量各电压的有效值。将测量数据填入表 6－1 中。

（4）这项实验的目的有两个，一是改变电阻 R 观察 u_i 和 u_o 的相位差；二是验证电压三角形的关系。

2．实验内容 2 的步骤

（1）按图 6.2 所示电路在电路板上接线，实验方法与实验内容 1 相同，这里只是多了一条电阻支路。

（2）在测量时，用示波器观察 u_i 和 u_o 的波形，应注意选好公共接地点。

（3）当调节 R 时，将测量数据填入表 6－2 中。

（4）这项实验的目的是改变电阻 R 观察 u_i 和 u_o 的相位差，验证移相范围较大并且输出电压的大小不变。

3．实验内容 3 的步骤

（1）按图 6.3 所示电路在电路板上接线，实验方法与实验内容 2 相同。

（2）分别调节 R_1 和 R_2，使电位 $\dot{U}_1$、$\dot{U}_2$、$\dot{U}_3$、$\dot{U}_4$ 依次相差 90°。每两个波形进行比较，记下它们的波形。

（3）测量这时的电阻 R_1 和 R_2 的值，以便验证 $R_1=R_2=\dfrac{1}{\omega C}$。

（4）这项实验的目的是改变电阻 R_1 和 R_2 观察四个电压的相位差，验证移相 90°后参数之间的关系，输出电压的大小不变且是电源电压的一半。

五、实验注意事项

（1）在实验室取得电阻后应用万用表测量其阻值，合理选用可调电阻器、电容的值。

（2）每个同学的电路中的电阻值、电容值可能选得不一样，但实验结论应是相同的。

（3）实验前应对所有电路进行理论计算，这样才能达到较好的效果。

（4）在测量输出电压与输入电压之间的相位差时，一定要注意公共端的选取。

（5）在测量电压的大小时，可用两种方法，即在示波器上读取最大值和用数字万用表测有效值。

六、预习要点

（1）什么是移相器？什么是相位差？

（2）理解三种移相器的原理和相量图。

（3）进行所有电路的理论计算，特别是容抗的计算，这样选择可调电阻的范围就有依据。

（4）明确实验要达到的目的、实验内容、以及实验步骤和方法。

（5）制订实验测试方案，画出移相电路与仪器的连接图。

（6）列出需要的元件清单。

七、实验报告要求

（1）画出实验原理电路图，标上参数。

（2）叙述实验内容和步骤，给出各种理论计算的实验测量的数据和波形。

（3）给出实验得出的结论。

（4）进行测量误差分析。

（5）写出本次实验的心得体会。

八、实验设备

（1）GOS－620 20 MHz 双轨迹示波器或 TDS1002 型数字式存储示波器 1 台。

（2）EE1641B1 函数信号发生器或 EE1641D 函数信号发生器 1 块。

（3）数字万用表 1 个。

（4）电阻、可调电阻、电容元件若干。

（5）电路板 1 块。

实验 10　交流等效参数的测量

一、实验目的

（1）学习交流电压表、交流电流表和功率表的使用方法。

（2）学会用三表法测量元件的交流等效参数的方法。

（3）学会用串、并联电容的方法来判别负载的性质。

（4）学习测量交流电下元件的伏安关系。

二、实验原理与说明

1. 测量交流电路参数的三表法

我国供电系统采用频率为 50 Hz 的正弦交流电，常称它为工频交流电。电路中的感抗、容抗是随频率变化的，在工频交流电下电路元件的阻抗就称为其交流等效参数。

用交流电压表、电流表和功率表分别测量元件或二端无源网络的端电压 U、流过的电流 I 及消耗的有功功率 P 后，再通过计算的方法可得到元件或无源网络的交流等效参数，这种方法习惯上称为三表法。所用的计算式为

$$|Z| = \frac{U}{I}$$

$$\cos\varphi = \frac{P}{UI}$$

$$R = \frac{P}{I^2} = |Z|\cos\varphi$$

$$X = \sqrt{|Z|^2 - R^2} = |Z|\sin\varphi$$

其中，$|Z|$ 为阻抗的模；$\cos\varphi$ 为功率因数；R 为等效电阻；X 为等效电抗。根据 X，可以计算电感量和电容量的大小。

2. 判断阻抗性质的方法

元件的阻抗可能是感性的，也可能是容性的，但由 U、I、P 的测量值或参数的计算式

还无法判断阻抗的性质。实际中可采用下述方法决定阻抗的性质。

（1）在被测元件的两端并联一个试验电容器，若总电流增大，则被测元件为容性；若总电流减小，则为感性。

这种方法的原理和试验电容器的计算方法，可以用相量图加以说明。被测阻抗并联电容的电路如图 6.4(a)所示。若被测阻抗是容性的，相量图如图 6.4(b)所示。并联电容后的总电流 $\dot{I}'$ 比原阻抗中的电流 $\dot{I}$ 要大。若被测阻抗是感性的，相量图如图 6.4(c)所示。这时所画出的相量图是一种特殊情况，即并联电容后的总电流 $\dot{I}'$ 与原阻抗中的电流 $\dot{I}$ 相同。可见，当电容中的电流 $\dot{I}_C$ 进一步增加，则 $\dot{I}'$ 比 $\dot{I}$ 就要大；当电容中的电流 $\dot{I}_C$ 减少，则 $\dot{I}'$ 比 $\dot{I}$ 就要小。因此，选取适当的电容并联，使总电流变小，才能判断阻抗是感性的。根据相量图可知

$$I_C < 2I \sin\varphi$$

即有

$$I_C < 2\sqrt{I^2 - (I\cos\varphi)^2} = 2\sqrt{I^2 - (P/U)^2}$$

试验电容的值应为

$$C' < \frac{2\sqrt{I^2 - (P/U)^2}}{\omega U}$$

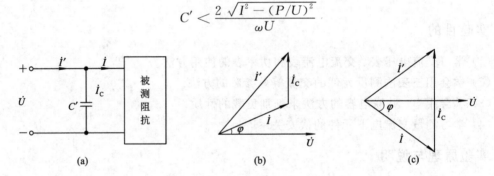

图 6.4　阻抗性质的判断及相量图

（2）串联电容的方法也可以判断阻抗的性质。

与被测阻抗串联一个适当的试验电容，若被测阻抗的端电压下降，则阻抗是容性的；若被测阻抗的端电压上升，则阻抗是感性的。试验电容选取应为

$$X_C < |2X|$$

即有

$$C' > \frac{1}{2\omega|X|}$$

（3）用功率因数表测量 $\cos\varphi$ 和阻抗角，若读数超前，则阻抗为容性；若读数滞后，则阻抗为感性。

在本实验中采用功率因数表测量或并接试验电容的方法来判断被测阻抗的性质。具体做法是将一试验小电容器与被测元件并联，在并接的同时观察电流表的变化趋势。

对交流等效参数的测量，除可采用三表法外，还可用交流电桥以及数字多用表直接测出。随着数字技术的发展，目前也较多地采用数字式仪器仪表快速便捷地测出元件参数。

3. 功率表的使用方法

平均功率的测量通常是在频率低于几百赫兹的时候，使用有两个分离的线圈功率表来进行。功率表的符号如图 6.5(a)、(b)所示。其中一个线圈是用粗线绕成，电阻很小的固定

线圈为电流线圈;另一个线圈是用很多细线绕成,电阻较高的可动线圈为电压线圈。电压线圈和电流线圈上标有"·"、"*"或"±",称为两个线圈的同名端,是功率表的极性标志。

测量单口网络的功率时,电路连接如图 6.5(c)所示。电流线圈测电流因而串联在电路中,电压线圈测电压因而并联在电路中。标有"·"的接法根据电路的参考方向而定。

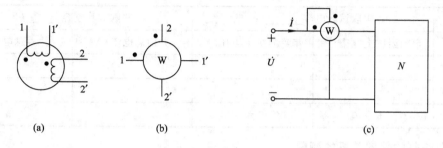

图 6.5 平均功率的测量

(a) 国外功率表符号;(b) 国内功率表符号;(c) 功率表连接

三、实验内容

1. 用三表法测量元件的交流等效参数

按图 6.6 所示电路接线,分别用三表法测量 40 W 白炽灯 R、30 W 日光灯镇流器 L 和 4.7 μF 电容器 C(注意电容器的耐压)的等效参数,并将 RLC 串联和并联后把测量数据记录于表 6-3 中。

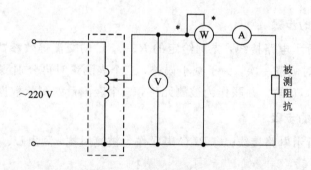

图 6.6 三表法的实验线路

表 6-3 三表法的实验数据

被测元件	测量值			计算值			
	U/V	I/A	P/W	$\cos\varphi$	$|Z|/\Omega$	R/Ω	X/Ω
40 W 白炽灯 R							
电感线圈 L							
电容器 C							
RLC 串联							
RLC 并联							

2. 用串联和并联试验电容的方法判别阻抗的性质

将上述 RLC 元件串联、RLC 元件并联作为被测阻抗,选试验电容 C' 分别与被测阻抗串联和并联来判别阻抗的性质,并将测量数据填于表 6-4 中。

表 6-4　串、并电容法判别阻抗的性质

被测元件	串联试验电容_____μF		并联试验电容_____μF	
	串前阻抗上电压/V	串后阻抗上电压/V	并前总电流/A	并后总电流/A
RLC 串联				
RLC 并联				
RLC 的值	$R=$	$L=$	$C=$	

3. 白炽灯的伏安关系的测量

在图 6.6 中用白炽灯作负载,改变电源电压,将三个表的数据填入表 6-5 中。

表 6-5　白炽灯的伏安关系测量数据

U/V								
I/A								
P/W								

四、实验步骤和方法

1. 实验内容 1 的步骤

(1) 按图 6.6 所示电路接线,先测给定的 R、L、C 的交流等效参数,测量数据填于表 6-3 中。三个表同时测量一次,为了减小误差,三个表测量时再分别测量一次。

(2) 分别将 RLC 串联、并联作为被测元件,三个表测量的测量数据填于表 6-3 中。

2. 实验内容 2 的步骤

(1) 按图 6.6 所示电路接线,将 RLC 串联作为被测阻抗,测出 U、I、P。计算出 X,按

$$C' > \frac{1}{2\omega \mid X \mid}$$

选取试验电容,将 C' 与被测阻抗串联,测量被测阻抗上的电压,填在表 6-4 中。

若被测阻抗的端电压下降,则阻抗是容性的;若被测阻抗的端电压上升,则阻抗是感性的。

(2) 将 RLC 串联作为被测阻抗,测出 U、I、P。按

$$C' < \frac{2\sqrt{I^2 - (P/I)^2}}{\omega U}$$

选取试验电容,将 C' 与被测阻抗并联,测量总的电流,填在表 6-4 中。

若总电流增大,则被测元件为容性;若总电流减小,则被测元件为感性。

(3) 由于 40 W 白炽灯 R、30 W 日光灯镇流器 L 是不可改变的,为了得到感性阻抗或容性阻抗,只有通过选取电容 C 来实现。C 的选取可以通过实验或理论计算获得。

3. 实验内容 3 的步骤

（1）按图 6.6 所示电路接线，将白炽灯作为被测阻抗。

（2）将调压器的电压从 0 开始调节，从小到大至 230 V，测出 U、I、P，填入表 6-5 中。

五、实验注意事项

（1）实验开始前，调压器的调节手柄应处于零位。每项实验完成之后，先将调压器手柄调至零位，再断开电源。

（2）实验时应记录所用仪表的量程和内阻，以便对实验数据进行分析及对测量结果加以修正。

（3）因实验电源电压直接采用市电 220 V 的交流电，须注意人身和设备的安全，不允许用手直接触摸通电线路的裸露部分，以免触电。

六、预习要点

（1）正弦交流电路中阻抗的定义，阻抗有几种表示形式以及阻抗的等效模型。

（2）什么是感性、容性和阻性电路？如何判别？

（3）在 50 Hz 的交流电路中，已测得铁芯线圈的 P、U 和 I，如何计算铁芯线圈的电阻值和电感值？

（4）用三表法测参数时，为什么在被测元件两端并接或串联试验电容可以判断元件的性质？请用相量图加以说明。

（5）试分析采用在被测元件两端并接试验电容以判断元件性质这一方法的适用性。

（6）熟悉白炽灯的伏安关系测量方法。

七、实验报告要求

（1）画出实验原理电路图，标上参数，说明实验步骤。

（2）根据实验数据填写相应表格，完成各项计算，并画出白炽灯的伏安关系曲线。

（3）给出实验得出的结论，总结测量电路交流等效参数的方法。

（4）进行测量误差分析。

（5）写出本次实验的心得体会。

八、实验设备

（1）交流电压表 1 个。

（2）交流电流表 1 个。

（3）功率表 1 个。

（4）自耦调压器 1 台。

（5）40 W 白炽灯若干。

（6）电容器（耐压大于等于 450 V）若干。

（7）日光灯配件 1 套。

实验 11　日光灯电路与功率因数的提高

一、实验目的

(1) 进一步熟悉功率表的使用及三表法测负载交流等效参数的方法。

(2) 了解日光灯电路的工作原理。

(3) 掌握提高感性负载功率因数的原理和方法。

二、实验原理与说明

1. 日光灯电路的工作原理

常用的日光灯电路如图 6.7 所示。日光灯管内壁涂有荧光粉，两端各有一灯丝，灯丝用钨丝制成，用以发射电子，灯管内充有惰性气体(如氩气)和少量水银。镇流器是一个带铁芯的电感线圈，在电路中起限流、降压作用。

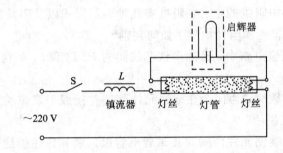

图 6.7　日光灯电路

启辉器的结构是将两个不同热膨胀系数的双金属片材料做成的触点封入一个小型玻璃泡壳内，称为辉光放电管或氖泡。并在其两端并联一个小电容，它可以消除开关火花和灯管产生的无线电干扰。启辉器用在电感镇流器日光灯电路中，起一个自动开关的作用。

当日光灯管正常工作时，两端由于内部气体导通而使电压低到约为 50～100 V，但在正常工作之前，要使灯管内部气体导通，需要灯管两端的电压超过 1000 V。

日光灯电路的工作原理可分为三个阶段：

(1) 当电源接通时，启辉器是断开的，220 V 的交流电加在启辉器上，其管内产生强电流辉光放电，弯曲的金属片被加热，于是使弯曲电极趋于伸直，启辉器接通，此时电源通过镇流器和灯的灯丝形成了串联电路，一个相当强的预热电流迅速地对灯丝予以加热。

(2) 在金属片触及一二秒后，当双金属片接触时，由于接触片之间没有电压，因此辉光放电消失。然后接触片开始冷却，在一段很短的时间后它们靠弹性分离，使电路断开。由于电路呈电感性，当电路突然中断时，在灯的两端会产生持续时间约 1 ms 的 600～1500 V 的脉冲电压，其确切电压取决于灯的类型。这个脉冲电压很快地使充在灯内的气体和蒸气电离，电流即在两个相对的发射电极之间通过，使日光灯开始发光。

(3) 日光灯正常发光后，灯管两端电压约降到 100 V 以下，不再满足启辉器导通的条件，此时交流电不再经过启辉器，这时将启辉器删除也不会影响日光灯的正常工作。

　　因此，启辉器用于在日光灯电路中瞬间断开使电路中产生感应电动势，以致有足够大的电压激发灯管发亮。镇流器则是产生感应电动势的元件，激发灯管发亮后抑制电流的增大，起到限流的作用。

　　值得注意的是，在电子镇流器日光灯电路中是不用启辉器的。

2. 感性负载功率因数的提高

　　功率因数低的根本原因在于生产和生活中的交流用电设备大多是感性负载，如三相异步电动机的功率因数在轻载时为 0.2～0.3，满载时为 0.8～0.9；日光灯的功率因数为 0.45～0.55；电冰箱的功率因数为 0.55 左右。为了提高功率因数，必须保证负载原来的运行状态，即负载两端的电压、电流和负载的有功功率保持不变。根据这些原则，提高功率因数的方法往往采用在负载两端并联电容。

　　设图 6.8(a)所示感性负载，其端电压为 $\dot{U}$，有功功率为 P。图 6.8(b)是并联电容后电路的相量图。

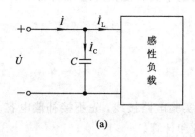 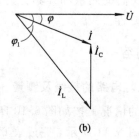

图 6.8　提高功率因数的措施

从相量图可知：

　　(1) 在未并联电容 C 前，线路上的电流与负载上的电流相同，即 $\dot{I}=\dot{I}_L$。

　　(2) 并联电容 C 后，线路上的总电流等于负载电流和电容电流之和，即 $\dot{I}=\dot{I}_L+\dot{I}_C$。从相量图看出，线路上的电流变小。它滞后于电压 $\dot{U}$ 的角度是 φ，这时功率因数为 $\cos\varphi$，显然，$\varphi<\varphi_1$，故 $\cos\varphi>\cos\varphi_1$，即功率因数提高了。

3. 补偿电容的计算

　　可以用功率三角形的方法推导出求电容值的一般公式。

　　设感性负载的有功功率为 P，功率因数为 $\cos\varphi_1$，接电容器后要使功率因数提高到 $\cos\varphi$。因为并联电容前后负载的 P 是不变的，所以功率三角形的水平边不变。并联电容前后的功率三角形如图 6.9 所示。

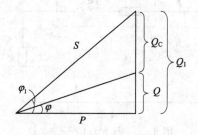

图 6.9　电容值的计算

根据功率三角形，原感性负载的无功功率为

$$Q_1 = P \tan\varphi_1$$

并联电容后的无功功率为

$$Q = P \tan\varphi$$

故应补偿的无功功率为

$$Q_C = Q_1 - Q = P(\tan\varphi_1 - \tan\varphi)$$

因为 $Q_C = \omega C U^2$，所以

$$C = \frac{P}{\omega U^2}(\tan\varphi_1 - \tan\varphi)$$

上式为端口功率因数由 $\cos\varphi_1$ 提高到 $\cos\varphi$ 所需要并联的电容值，并联的电容也称补偿电容。

此实验用日光灯电路来模拟 RL 串联电路。实际上，灯管和镇流器的端电压都不是正弦波，因而我们的测量和计算都是近似的，但是这个实验能很好地说明功率因数的意义和提高它的必要性。

三、实验内容

1. 日光灯电路的接线及测量

在无电的情况下按如图 6.10 所示日光灯的实验电路接线，先不接补偿电容。日光灯的等效电路如图 6.11 所示，完成表 6-6 中的测量和计算。

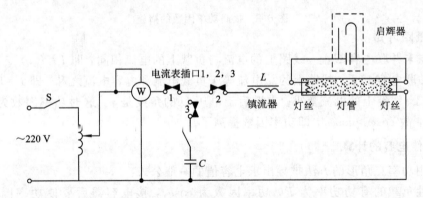

图 6.10　日光灯实验电路

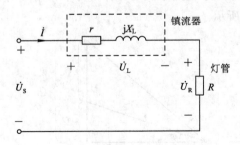

图 6.11　日光灯的等效电路

表 6-6　日光灯电路的测量

条件	测量值					计算等效参数		
	P/W	I/A	U_S/V	U_L/V	U_R/V	$\cos\varphi$	R/Ω	r/Ω	X_L/Ω
刚启辉时值									
正常工作值									

2. 感性负载的功率因数提高

在如图 6.10 所示日光灯实验电路中并联补偿电容 C，测出表 6-7 所示各项数据，并填入表中。

表 6-7　提高功率因数实验测量

接入补偿电容 C	0	1 μF	2.2 μF	3.2 μF	4.7 μF	5.7 μF
电源电压/V						
总电流 I_1/A						
日光灯电流 I_2/A						
电容器电流 I_3/A						
有功功率 P/W						
负载功率因数						
总功率因数						

四、实验步骤和方法

1. 实验内容 1 的步骤

(1) 日光灯启辉时的测量。

按图 6.10 的实验电路接线。经指导老师检查后接通电源，调节自耦调压器的输出，使其输出电压缓慢增大，直到日光灯刚启辉点亮为止，测量表 6-6 中各值，并记录在表中，从而可计算出表中的等效参数。

(2) 日光灯正常工作时的测量。

将电压调至 220 V，使日光灯正常工作，测量表 6-6 中各值，并记录在表中，从而可计算出表中的等效参数。

(3) 取下启辉器，观察日光灯是否会熄灭。

(4) 取下启辉器后，断开电源，再重新接通电源，观察日光灯是否会亮。若不亮，可用一根绝缘良好的导线短路启辉器插口，约 1、2 秒后，除去导线，观察日光灯是否发光。

2. 实验内容 2 的步骤

(1) 改变并联电容器(补偿电容)的电容值，进行多次重复测量，将各次实验记录填入表 6-7 中。

(2) 比较并找到测量总电流相对最小的一个值，必要时需要将几个电容器并联连接，将电容值和测量的各项内容填入表 6-7 中。

五、实验注意事项

(1) 本实验用市电 220 V，务必注意用电和人身安全。实验操作要严格按照先断电，后接线(拆线)，经检查，再通电的安全操作规范进行。

(2) 功率表要按并联接入电压线圈、串联接入电流线圈的正确接法接入电路。

(3) 线路接线正确，日光灯不能启辉时，应检查启辉器及其接触是否良好。

(4) 并联电容值取 0 值时，只要断开电容的联线即可，千万不能两线短路，这会造成电源短路的！

六、预习要点

(1) 熟悉日光灯的工作原理，启辉器和镇流器的作用。

(2) 在日光灯的等效电路图 6.11 中，已知 U_S、U_R、U_L、I 和 P，如何计算出等效参数 R、r、X_L？

(3) 了解功率因数的含义，提高功率因数的意义。

(4) 了解感性负载提高功率因数的方法和提高功率因数的措施。

(5) 掌握并联电容器能提高功率因数的原理，电容值的计算方法。

(6) 思考并联电容器的电容值越大是否功率因数就越大。

(7) 思考提高功率因数为什么只采用并联电容器的方法，而不采用串联电阻或串联电容的方法。

七、实验报告要求

(1) 画出实验原理电路图和日光灯的等效电路。

(2) 利用表 6-6 的测量数据，画出日光灯电路中各电压和电流的相量图。

(3) 并联电容后，利用表 6-7 的测量数据，画出有补偿电容电流的全相量图。

(4) 利用表 6-7 的测量数据，画出功率因数 $\cos\varphi$ 与电容 C 的关系曲线，总电流 I 与功率因数 $\cos\varphi$ 的关系曲线。

(5) 给出实验得出的结论。

(6) 进行测量误差分析。

(7) 写出本次实验的心得体会。

八、实验设备

(1) 交流电压表 1 个。

(2) 交流电流表 1 个。

(3) 功率表 1 个。

(4) 自耦调压器 1 台。

(5) 40 W 白炽灯若干。

(6) 电容器(耐压大于等于 450 V)若干。

(7) 日光灯配件 1 套。

实验 12　最大功率传输与匹配网络设计

一、实验目的

(1) 了解电源与负载间功率传输的关系。

(2) 掌握负载获得最大功率传输的条件与应用。

(3) 匹配电抗网络的分析与设计。

二、实验原理与说明

1. 最大功率传输

一个实际的电源，它产生的总功率通常由两部分组成，即电源内阻所消耗的功率和输出到负载上的功率。在电子与通信领域中，通常由于信号电源的功率较小，因此总是希望在负载上能获得的功率越大越好，这样可以最有效地利用信号源能量，从信号源中获取最大功率。

如图 6.12(a) 所示电路，负载 Z_L 是可变的，问在什么条件下负载 Z_L 能从正弦稳态电路中获得最大的平均功率 P_{Lmax}。应用戴维南定理，这个问题可以简化为图 6.12(b) 所示的戴维南等效电路。负载 Z_L 如何从信号源 $\dot{U}_{Th}$ 获得最大功率。

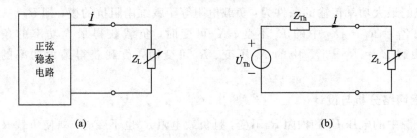

(a)　　　　　　　　　　　　　　　　　　(b)

图 6.12　最大功率的传输电路

戴维南电压 $\dot{U}_{Th}$ 和阻抗 Z_{Th} 分别为信号源电压和内阻抗，其中 $Z_{Th}=R_{Th}+jX_{Th}$，它们是一定的。设 $Z_L=R_L+jX_L$，并且 R_L、X_L 均可独立变化。当 R_L、X_L 变化时，R_L、X_L 满足什么条件，负载能得到最大功率。因

$$\dot{I} = \frac{\dot{U}_{Th}}{(R_{Th}+R_L)+j(X_{Th}+X_L)} \tag{6.1}$$

为使功率 $P_L=I^2R_L$ 最大，即

$$P_L = \frac{U_{Th}^2 R_L}{(R_{Th}+R_L)^2+(X_{Th}+X_L)^2} \tag{6.2}$$

其中，U_{Th}、R_{Th} 和 X_{Th} 为固定值，而 R_L 和 X_L 是独立变量。因此，要求 P_L 最大就必须求出使 $\partial P_L/\partial R_L$ 和 $\partial P_L/\partial X_L$ 均为 0 的 R_L 和 X_L。由式(6.2)得

$$\frac{\partial P_L}{\partial X_L} = \frac{-2U_{Th}^2 R_L(X_{Th}+X_L)}{[(R_{Th}+R_L)^2+(X_{Th}+X_L)^2]^2} \tag{6.3}$$

$$\frac{\partial P_{\mathrm{L}}}{\partial R_{\mathrm{L}}} = \frac{U_{\mathrm{Th}}^2 \left[(R_{\mathrm{Th}} + R_{\mathrm{L}})^2 + (X_{\mathrm{Th}} + X_{\mathrm{L}})^2 - 2R_{\mathrm{L}}(R_{\mathrm{Th}} + R_{\mathrm{L}})\right]}{\left[(R_{\mathrm{Th}} + R_{\mathrm{L}})^2 + (X_{\mathrm{Th}} + X_{\mathrm{L}})^2\right]^2} \tag{6.4}$$

由式(6.3)可知，令$\partial P_{\mathrm{L}}/\partial X_{\mathrm{L}}=0$可得

$$X_{\mathrm{L}} = -X_{\mathrm{Th}} \tag{6.5}$$

由式(6.4)可知，令$\partial P_{\mathrm{L}}/\partial R_{\mathrm{L}}=0$可得

$$R_{\mathrm{L}} = \sqrt{R_{\mathrm{Th}}^2 + (X_{\mathrm{Th}} + X_{\mathrm{L}})^2} \tag{6.6}$$

综合考虑式(6.5)和式(6.6)，负载获得最大功率的条件为

$$Z_{\mathrm{L}} = Z_{\mathrm{Th}}^* \quad \text{或} \quad R_{\mathrm{L}} = R_{\mathrm{Th}}, \ X_{\mathrm{L}} = -X_{\mathrm{Th}} \tag{6.7}$$

最大功率传输的条件为：负载阻抗等于戴维南阻抗的共轭复数，即$Z_{\mathrm{L}} = Z_{\mathrm{Th}}^*$。

这时负载的最大功率为

$$P_{\mathrm{Lmax}} = \frac{U_{\mathrm{Th}}^2}{4R_{\mathrm{Th}}} \tag{6.8}$$

称这种状态为共轭匹配或最佳匹配。

只有当Z_{L}等于Z_{Th}的共轭复数时，最大功率才能传输到Z_{L}上。而在有些情况下，这是不可能的。首先，R_{L}和X_{L}可能被限制在一定的范围内，这时，R_{L}和X_{L}的最优值应是调整X_{L}使其尽可能地接近$-X_{\mathrm{Th}}$，同时调整R_{L}使其尽可能地接近$\sqrt{R_{\mathrm{Th}}^2 + (X_{\mathrm{Th}} + X_{\mathrm{L}})^2}$。

当负载是纯电阻，即$Z_{\mathrm{L}} = R_{\mathrm{L}}$时，负载获得最大功率的条件由式(6.6)中$X_{\mathrm{L}}=0$得

$$R_{\mathrm{L}} = \sqrt{R_{\mathrm{Th}}^2 + X_{\mathrm{Th}}^2} = |Z_{\mathrm{Th}}| \tag{6.9}$$

纯电阻负载的最大功率传输的条件为：负载电阻等于戴维南阻抗的模，即$R_{\mathrm{L}} = |Z_{\mathrm{Th}}|$。

当负载$Z_{\mathrm{L}} = R_{\mathrm{L}} + jX_{\mathrm{L}}$中的$R_{\mathrm{L}}$不变、$X_{\mathrm{L}}$可变时，负载获得最大功率的条件应为式(6.5)。当负载$Z_{\mathrm{L}} = R_{\mathrm{L}} + jX_{\mathrm{L}}$中的$X_{\mathrm{L}}$不变、$R_{\mathrm{L}}$可变时，负载获得最大功率的条件应为式(6.6)。

2. 匹配网络分析与设计

当信号源中的电压$\dot{U}_{\mathrm{S}}$和内阻R_{S}不变，且负载电阻R_{L}也不变时，要使负载R_{L}获得最大功率，就必须设计一个匹配电抗网络，如图6.13所示。

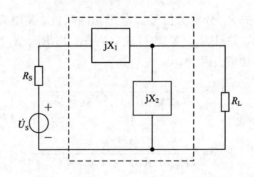

图6.13 匹配网络

匹配电抗网络的计算如下：

R_{L}、jX_2并联支路的阻抗为

$$Z_2 = \frac{jX_2R_L}{R_L + jX_2} = \frac{X_2^2 R_L}{R_L^2 + X_2^2} + j\frac{X_2 R_L^2}{R_L^2 + X_2^2}$$

令

$$R_S = \frac{X_2^2 R_L}{R_L^2 + X_2^2}, \quad X_1 = -\frac{X_2 R_L^2}{R_L^2 + X_2^2}$$

求得 X_2 为

$$R_S R_L^2 + R_S X_2^2 = X_2^2 R_L$$

解得

$$X_2 = \pm R_L \sqrt{\frac{R_S}{R_L - R_S}} \tag{6.10}$$

求得 X_1 为

$$X_1 = -\frac{X_2 R_L^2}{X_2^2 R_L / R_S} = -\frac{R_S R_L}{X_2} = \mp \sqrt{R_S(R_L - R_S)} \tag{6.11}$$

上式表明，电抗 X_1 与 X_2 互为负数，即它们是性质不同的元件，当 X_1 取正为电感时，X_2 为负，必是电容。

若内阻 $R_S = 100\ \Omega$，负载电阻 $R_L = 1000\ \Omega$，X_1 取为电感、X_2 取为电容。设信号源电压 $\dot{U}_S = 100\angle 0°\ \text{V}$，角频率 $\omega = 1000\ \text{rad/s}$。计算结果如下：

$$X_1 = \sqrt{R_S(R_L - R_S)} = \sqrt{100 \times 900} = 300\ \Omega$$

电感为

$$L = \frac{300}{1000} = 0.3\ \text{H}$$

$$\omega C = \frac{1}{R_L}\sqrt{\frac{R_L}{R_S} - 1} = 10^{-3}\sqrt{10 - 1} = 3 \times 10^{-3}$$

电容为

$$C = \frac{3 \times 10^{-3}}{1000} = 3 \times 10^{-6}\ \text{F} = 3\ \mu\text{F}$$

最大功率为

$$P_{Lmax} = \frac{U_S^2}{4R_S} = \frac{100^2}{4 \times 100} = 25\ \text{W}$$

计算表明，如果选择 $L = 0.3\ \text{H}$，$C = 3\ \mu\text{F}$，图 6.13 所示电路从信号源两端以右单口网络的输入阻抗等于 $100\ \Omega$，它可以获得 25 W 的最大功率，由于其中的电感和电容平均功率为零，根据平均功率守恒定理，这些功率将被 $R_L = 1000\ \Omega$ 的负载全部吸收。

三、实验内容

1. 最大功率传输

实验线路如图 6.14 所示。电源电压有效值为 15 V，频率 $f = 800\ \text{Hz}$，电阻 R_1 和 R_2 选 1 kΩ 左右，电感元件 $L = 30\ \text{mH}$，电容元件 C 和可调电阻 R_L 由实验室提供。

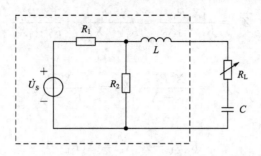

图 6.14   实验原理图

设 $R_0 = \sqrt{R_{Th}^2 + (X_L - X_C)^2}$，其中 $R_{Th} = R_1 \parallel R_2$。选取两个不同的电容元件 C_1、C_2。每次接上一个电容后，调节 R_L 测量其上的电压，计算负载 R_L 的功率 P_L，验证当 $R_L = R_0$ 时功率 P_L 最大，即 X_C 与 X_L 最接近时功率 P_L 最大。测量和计算的数据填于表 6-8 中。

表 6-8   最大功率传输实验测量数据

条件			测 量 和 计 算 值			
有电容	$C_1 =$ ____ μF	R_L		$R_L = R_0$		
		U_L				
		P_L				
	C_2 ____ μF	U_L				
		P_L				
无电容		R_L		$R_L = |Z_0|$		
		U_L				
		P_L				

2. 匹配网络的设计

设内阻 $R_S = 100\ \Omega$，负载电阻 $R_L = 200\ \Omega$，信号源电压 $\dot{U}_S = 15\angle 0°\ V$，角频率 $\omega = 5000\ rad/s$。要使负载 R_L 获得最大功率，设计一个匹配电抗网络，如图 6.15 所示。

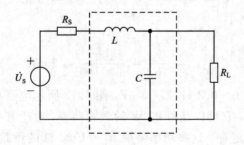

图 6.15   匹配网络的设计

四、实验步骤和方法

1. 实验内容 1 的步骤

(1) 对如图 6.14 的实验电路先自行选取电阻值，电阻值选 1 kΩ 左右的值。选取两个电容，接近 1 μF 即可，可调电阻器为 1 kΩ 左右。

（2）按图 6.14 所示电路在电路板上接线，每接一个电容，调节电阻 R_L，测量其电压 U_L，计算 P_L 填入表 6-8 中。改变电阻 R_L 的值应先确定 R_0 的值，使 $R_L = R_0$ 首先测量，然后改变 R_L 增加或减少后再测量几次。

（3）在 $R_L = R_0$ 附近可以多测几次，找出最大功率时 R_L 的值，与理论值比较。

（4）不接电容时，最大功率的条件应是等模匹配，即 $R_L = |Z_0| = \sqrt{R_{Th}^2 + X_L^2}$。使 $R_L = |Z_0|$ 首先测量，然后改变 R_L 增加或减少后再测量几次。

（5）在 $R_L = |Z_0|$ 附近可以多测几次，找出最大功率时 R_L 的值，与理论值比较。

2. 实验内容 2 的步骤

（1）先理论计算 L 和 C 的值，计算公式见式(6.10)和式(6.11)。

（2）按图 6.15 所示电路在电路板上接线，接通电源，再用电压表测量电路中负载上的电压，计算负载的功率与理论值比较。

（3）没有匹配网络时，用电压表测量电路中负载上的电压，计算负载的功率与有匹配网络时的负载功率进行比较。

五、实验注意事项

（1）在实验室取得电阻后应用万用表测量其阻值。

（2）每个同学的电路中，电源电压值和电阻值可能选得不一样，但实验结论应是相同的。

（3）实验前应对所有电路进行理论计算，这样以便与测量结果比较并选用仪表的量程。

（4）可调电阻器的值可根据二端网络的内阻确定。

（5）电路接线完经检查无误后才可接通电源。改接或拆线时应先断开电源。

六、预习要点

（1）什么是最大功率传输？什么是有限制的最佳匹配？什么是等模匹配？

（2）什么是匹配网络？计算匹配网络参数的原理和方法。

（3）熟悉实验电路的理论计算，匹配网络的理论计算。

（4）明确实验要达到的目的、实验内容，以及实验步骤和方法。

（5）拟定测试方案和预期可能出现的误差。

七、实验报告要求

（1）画出实验原理电路图，标上参数。

（2）叙述实验内容和步骤，给出各种理论计算的实验测量的数据。

（3）给出实验得出的结论。

（4）进行测量误差分析。

（5）写出本次实验的心得体会。

八、实验设备

(1) 信号发生器 1 台。

(2) 数字万用表 1 个。

(3) 电阻元件若干。

(4) 电容元件若干。

(5) 可调电阻器 1 个。

(6) 电路板 1 块。

实验 13　三相电路的观测

一、实验目的

(1) 三相负载作星形连接和三角形连接时，在对称和不对称的情况下相电压和线电压的关系、相电流和线电流的关系。

(2) 比较三相供电方式中，三相三线制和三相四线制的特点，了解三相四线制电路中中线的作用以及中性点位移的概念。

(3) 学习测定相序的方法。

(4) 学习测量三相电路功率的方法。

二、实验原理与说明

1. 三相负载的星形连接

(1) 对称 Y 负载。在三相负载 Y 接法的情况下，线电流等于相电流，即 $\dot{I}_l=\dot{I}_P$。线电压的有效值是相电压有效值的 $\sqrt{3}$ 倍，即 $U_l=\sqrt{3}U_P$，线电压超前相电压 30°。相量图如图 6.16 所示。

对称三相电路接有 Y 形负载时，两中性点之间的电压为零，中线电流为零，所以，有无中线结果一样。

(2) 不对称 Y 负载。当对称三相电源接不对称三相负载时，若无中线，则将产生负载的中性点位移，相量图如图 6.17 所示。当中性点位移时，会造成各相电压分配不平衡，可能使某相负载由于过压而损坏，而另一相负载则由于欠压而不能工作。

为了解决这个问题，供电系统一般采用三相四线制，即有中线。它把电源中心与负载中心强制重合，即使负载不对称，也能保证负载上的电压对称。但因为这时中线有电流，所以各相负载分配时应尽量使各相负载对称，以减小中线电流。

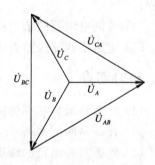

图 6.16　对称三相电压相量图

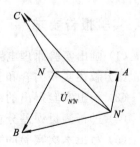

图 6.17　中性点位移相量图

2. 三相负载的三角形连接

（1）对称△负载。在对称三相负载△接法的情况下，线电压等于相电压，即 $\dot{U}_1 = \dot{U}_P$。线电流的有效值是相电流有效值的 $\sqrt{3}$ 倍，即 $I_1 = \sqrt{3}\,I_P$，线电流滞后相电流30°。相量图如图6.18所示。

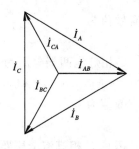

图 6.18　对称三相电流相量图

（2）不对称△负载。在不对称三相负载△接法的情况下，线电流、相电流不再对称，则 $I_1 \neq \sqrt{3}\,I_P$，但只要电源线电压对称，加在三相负载上的电压仍是对称的，对各相负载工作没有影响。

3. 三相电路相序的测定

三相电源有正序、逆序（负序）和零序三种相序。通常情况下，三相电路是正序系统，即相序为 A—B—C 的顺序。实际工作中常需确定相序，即已知是正序系统的情况下，指定某相电源为 A 相，判断另外两相哪相为 B 相和 C 相。相序可用专门的相序仪测定，也可用如图 6.18 所示的电路确定。在此电路中，一电容器与另两个瓦数相同的灯泡接成星形负载。由于是不对称负载，负载的中性点发生位移，因此负载各相电压不对称。若指定电容所在相为 A 相，则灯泡较亮的相为 B 相，灯泡较暗的相为 C 相。

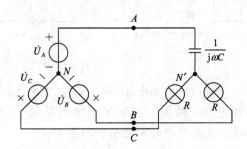

图 6.19

图 6.19 中的电容为 4.7 μF，两个灯泡（相当于电阻 R）为 40 W/220 V。设相电压为 $\dot{U}_A = 120\angle 0°$，则 $X_C = \dfrac{1}{100\pi \times 4.7 \times 10^{-6}} = 677.3\ \Omega$，$R = \dfrac{220^2}{40} = 1210\ \Omega$，求灯泡两端的电压。

用弥尔曼定理计算中性点之间的电压，则

$$\dot{U}_{N'N} = \frac{\dot{U}_A j/X_C + \dot{U}_B/R + \dot{U}_C/R}{j/X_C + 1/R + 1/R}$$

$$= \frac{j120 + 120X_C/R\angle -120° + 120X_C/R\angle 120°}{j + 2X_C/R}$$

$$= 19.88 + j89.43\ \text{V}$$

B 相灯泡两端电压为

$$\dot{U}_{BN'} = \dot{U}_B - \dot{U}_{N'N} = 120\angle -120° - 19.88 - j89.43$$

其有效值为

$$U_{BN'} = 209.2 \text{ V}$$

C 相灯泡两端电压为

$$\dot{U}_{CN'} = \dot{U}_C - \dot{U}_{N'N} = U\angle 120° - 19.88 - j89.43$$

其有效值为

$$U_{CN'} = 81.2 \text{ V}$$

可见 B 相灯泡电压要高于 C 相灯泡，B 相灯泡比 C 相灯泡亮得多。由此可判断：若接电容的一相为 A 相，则 B 相的灯泡较亮，C 相的灯泡较暗。

4. 三相电路功率的测量

对于三相三线制系统，不论电路对称与否，均可采用两功率表方法来测量三相总功率。

功率表的测量接线如图 6.20 所示，两只功率表读数之和等于三相总功率。这里要特别指出，在用二功率表测量三相电路功率时，其中一只功率表的读数可能会出现负值，而总功率是两功率表的代数和。

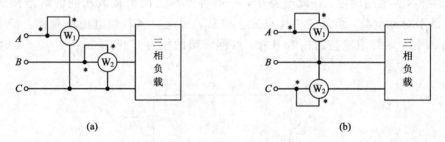

图 6.20　三相电路功率测量的二表法

对于对称的三相四线制电路，可用一只功率表测出单相功率，三相功率为单相的三倍。不对称三相四线制要用三只功率表分别测量各相功率。

三、实验内容

1. Y 负载电路的电压、电流的测量

按图 6.21 所示实验电路接线，三相负载可以用灯泡替代。测量数据填入表 6－9 中。

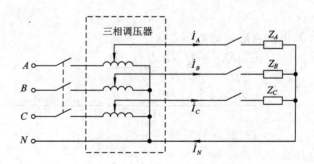

图 6.21　Y 负载的三相电路实验

表 6 - 9　星形三相电路的电压、电流的测量数据

测量条件		相电压/V			线电压/V	线电流/A			中线电流	两中性点电压
		U_A	U_B	U_C	U_{AB}	I_A	I_B	I_C	I_N/A	$U_{NN'}$/V
负载对称	有中线									
	无中线									
负载不对称	有中线									
	无中线									
A 相开路	有中线									
	无中线									
C 相短路	无中线									

2．△负载电路的电压、电流的测量

按图 6.22 所示实验电路接线，三相负载可以用灯泡替代。测量数据填入表 6 - 10 中。

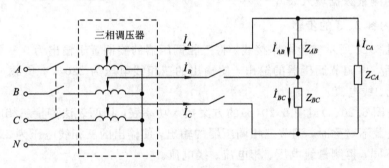

图 6.22　△负载的三相电路实验

表 6 - 10　三角形三相电路的电压、电流的测量数据

测量条件	相电流/A			线电压/V	线电流/A			二表法功率/W	
	I_{AB}	I_{BC}	I_{CA}	U_{AB}	I_A	I_B	I_C	W_1	W_2
负载对称									
负载不对称									
CA 相断开								—	—
B 线断开								—	—

3．三相电路功率的测量

在图 6.22 所示实验电路接线后，三相负载可以用灯泡替代。用二表法测量对称和不对称负载的功率，数据填入表 6 - 10 中。

4．相序的测定

按图 6.19 所示实验电路接线，测定三相电路的相序。分别测量三个相电压，与理论值加以比较。

四、实验步骤和方法

1. 实验内容 1 的步骤

(1) 按图 6.21 所示实验电路接线，将三相调压器的旋柄置于输出为 0 V 的位置。待检查接线正确后，再调节调压器的输出，使输出的三相线电压为 220 V。负载对称时先后测量有中线、无中线时的线电压、相电压、线电流、中线电流和两中性点的电压。

(2) 当负载不对称时，调节三相调压器的输出，使输出的三相线电压为 220 V。使每相接的灯泡数不同，再测量有中线、无中线时的线电压、相电压、线电流、中线电流和两中性点的电压。

(3) 将 A 相开路，调节三相调压器的输出，使输出的三相线电压为 380 V。再测量有中线、无中线时的线电压、相电压、线电流、中线电流和两中性点的电压。

(4) 将 C 相短路，调节三相调压器的输出，使输出的三相线电压为 220 V。再测量线电压、相电压、线电流、中线电流和两中性点的电压。

将以上的测量数据填入表 6-9 中。

2. 实验内容 2、3 的步骤

(1) 按图 6.22 所示实验电路接线，将三相调压器的旋柄置于输出为 0 V 的位置。待检查接线正确后，再调节调压器的输出，使输出的三相线电压为 220 V。负载对称时测量线电压、相电流、线电流。

(2) 再按图 6.20(a) 或图 6.20(b) 的方案接入功率表，用两表法测量三相电路的功率。

(3) 当负载不对称时，调节三相调压器的输出，使输出的三相线电压为 220 V。使每相接的灯泡数不同，再测量线电压、相电流、线电流。

(4) 再按图 6.20(a) 或图 6.20(b) 的方案接入功率表，用两表法测量三相电路的功率。

(5) 将 CA 相开路，调节三相调压器的输出，使输出的三相线电压为 220 V。再测量有线电压、相电流、线电流。

(6) 将 B 相断开，调节三相调压器的输出，使输出的三相线电压为 220 V。再测量线电压、相电流、线电流。

将以上的测量数据填入表 6-10 中。

3. 实验内容 4 的步骤

按图 6.19 所示实验电路接线，取电容为 4.7 μF，两个灯泡（相当于电阻 R）为 40 W/220 V。将三相调压器的旋柄置于输出为 0 V 的位置，待检查接线正确后，再调节调压器的输出，使输出的三相相电压为 120 V。观察两个灯泡的亮度，再确定三相电源的相序。

五、实验注意事项

(1) 在合上和断开电源前，调压器的旋柄应回零。

(2) 若每相负载为单个额定电压为 220 V 的白炽灯泡，特别是 Y 形接法无中线时，由于中性点位移，灯泡上电压有可能超过 220 V，故实验中应注意负载端线电压不可超过 220 V。

(3) 注意实验线路中开关的作用和正确接法。

(4) 本实验中三相电源电压较高，必须严格遵守安全操作规程，以保证人身和设备的安全。

六、预习要点

（1）什么是对称的三相电路？对称的三相电路有什么特点？中线的作用是什么？

（2）什么是不对称的三相电路？什么是中性点位移？

（3）对称或不对称三相电路的理论分析。

（4）熟悉三相电路的功率及测量。

（5）进行三相电路的相序、相序测定电路的分析。

（6）明确实验要达到的目的、实验内容，以及实验步骤和方法。

七、实验报告要求

（1）画出实验原理电路图，标上参数。

（2）叙述实验内容和步骤，给出各种实验测量的数据。

（3）给出实验结论，由实验结果说明星形电路的三相三线制和三相四线制的特点。

（4）说明三相四线制电路中中线的作用。

（5）说明三相电路功率的测量方法。

（6）说明相序测定电路的原理和测量方法。

（7）写出本次实验的心得体会。

八、实验设备

（1）三相调压器 1 台。

（2）三相灯组负载 3 套。

（3）数字万用表 1 个。

（4）电容 4.7 μF（耐压大于等于 450 V）1 个。

（5）功率表 2 个。

（6）闸刀开关若干。

实验 14　互感电路的测试

一、实验目的

（1）掌握测定互感线圈同名端的方法。

（2）掌握互感电路的互感系数、自感系数的测定方法。

（3）理解变压器的变压、变流和变换阻抗的三大作用。

（4）了解变压器特性的测试方法。

二、实验原理与说明

1. 判断互感线圈同名端的方法

（1）直流法。同名端也可以用实验方法测定，其测试电路如图 6.23 所示。虚框内为待测的一对互感线圈，把其中一个线圈通过开关 S 接到一个直流电源（如干电池），把一个直流电

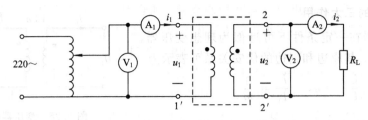

图 6.27　变压器的变比实验测定

表 6 – 12　变压器变比的测量数据

	50 V	100 V	150 V	200 V	220 V
U_1/V	50 V	100 V	150 V	200 V	220 V
U_2/V					
I_1/A					
I_2/A					

4. 变压器外特性的测试

按图 6.27 所示实验电路接线,固定原边电压,当负载电阻改变时,测量副边的电压 U_2 和电流 I_2。测量数据填入表 6 – 13 中。

表 6 – 13　变压器外特性的测量数据

并联灯泡个数	空载	1个	2个	3个	4个	5个
U_2/V						
I_2/A						

四、实验步骤和方法

1. 实验内容 1 的步骤

(1)直流法。接线如图 6.23 所示,直流电源用稳压电源的输出(输出电压 4 V 左右)或电池。直流电压表用万用表的直流电压挡。把直流电压表换成直流电流表,即用万用表的直流毫安挡。

(2)交流法。按图 6.24 所示电路接线,用交流电压表分别测线圈 1 及 1′两端与 1、2 两端的电压,通过两个电压的比较判断同名端。

2. 实验内容 2 的步骤

(1)用万用表分别测量两个线圈的电阻,填入表 6 – 11 中。

(2)按图 6.27 所示实验电路接线,若采用 220 V/36 V 的铁芯变压器,高压端加额定电压 220 V,低压端开路。将调压器的旋柄置于输出为 0 V 的位置。待检查接线正确后,再调节调压器的输出,使输出的电压为 220 V。将测量的原边电压 U_1、电流 I_1 和副边的开路电压 U_2,填入表 6 – 11 中。

(3)将低压端加电压 36 V,高压端开路。调压器的旋柄置于输出为 0 V 的位置。待检查接线正确后,再调节调压器的输出,使输出的电压为 36 V。将测量的低压端电压 U_2、电流 I_2 和高压端的开路电压 U_1 填入表 6 – 11 中。

(4)根据测量数据计算 L_1、L_2 和 M。

3. 实验内容 3 的步骤

（1）按图 6.27 所示实验电路接线，负载可以用灯泡或电阻箱替代。

（2）将调压器的旋柄置于输出为 0 V 的位置。待检查接线正确后，再调节调压器的输出，使变压器原边电压为 50 V、100 V、150 V、200 V、220 V。分别记录 U_2、I_1、I_2，填入表 6 - 12 中。

4. 实验内容 4 的步骤

（1）按图 6.27 所示实验电路接线，负载可以用灯泡或电阻箱替代。

（2）将调压器的旋柄置于输出为 0 V 的位置。待检查接线正确后，再调节调压器的输出，使变压器原边电压为 220 V。

（3）改变负载，分别记录 U_2、I_2，填入表 6 - 13 中。

五、实验注意事项

（1）在合上和断开电源前，调压器的旋柄应回 0。

（2）用直流电做实验时要注意线圈的发热情况，不能长期在线圈中通以直流电。

（3）用交流电实验时，应注意变压器的容量，即视在功率。线圈上的电压和电流都不能超过其额定值。

（4）当负载超过额定负载时，变压器在超载状态下运行容易烧坏。

（5）遇异常情况应立即断开电源，待解决故障后，方可继续实验。

六、预习要点

（1）什么是自感和互感？同名端的定义和作用？同名端的判别方法？

（2）熟悉自感系数和互感系数的测量原理和方法。

（3）了解变压器的三大作用，变比的测量方法。

（4）了解实际铁芯变压器与理想变压器的差别。

（5）什么是变压器的外特性？应如何测量？

七、实验报告要求

（1）画出实验原理电路图，标上参数。

（2）叙述实验内容和步骤，给出各种实验测量的数据。变压器的外特性曲线图。

（3）得出实验结论，由实验结果说明什么问题。

（4）说明两次测量的互感系数应相同。

（5）说明铁芯变压器近似为理想变压器，三大作用与变比的关系。

（6）说明铁芯变压器的外特性特点。

（7）写出本次实验的心得体会。

八、实验设备

（1）调压器 1 台。

（2）灯组负载 3 套。

（3）数字万用表 1 个。

（4）小功率电源变压器 1 台。

第 7 章　选频电路实验

本章主要学习电路频率响应的测试方法，涉及交流电压表、交流电流表以及信号发生器和示波器的使用。通过对谐振电路、RC 选频电路的测试，进一步加深对电路频率响应、幅频特性和相频特性的认识。

实验 15　RLC 谐振电路的测试

一、实验目的

(1) 加深 RLC 谐振电路特点的理解。
(2) 掌握谐振电路谐振频率、带宽、Q 值的测量方法。
(3) 学会电路频率特性的测量方法。
(4) 观察分析电路参数对电路谐振特性的影响。

二、实验原理与说明

1. RLC 串联谐振电路

在图 7.1 所示的 RLC 串联电路中，当正弦交流信号源的频率 f 改变时，电路中的感抗、容抗随之而变，电路中的电流也随 f 而变。取电路电流 i 作为响应，则

$$I = \frac{U}{\sqrt{R^2 + \left(\omega L - \dfrac{1}{\omega C}\right)^2}}$$

$$\varphi(\omega) = -\arctan \frac{\omega L - \dfrac{1}{\omega C}}{R}$$

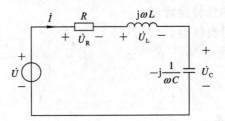

图 7.1　RLC 串联电路

当输入电压 U 维持不变时，在不同信号频率的激励下，测出电阻 R 两端电压 U_R 之值，即 $I = \dfrac{U_R}{R}$，然后以 f 为横坐标，以 I 为纵坐标，绘出光滑的曲线，此即为幅频特性，亦称电流谐振曲线，如图 7.2(a)所示。测量出信号源 $\dot{U}$ 与 $\dot{I}$（即 $\dot{U}_R$）的相位差 $\varphi(\omega)$，称为相频特性，如图 7.2(b)所示。

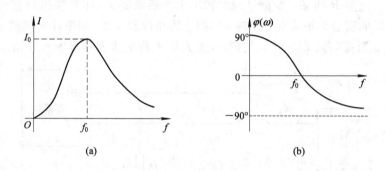

(a)　　　　　　　　　　　(b)

图 7.2　RLC 串联电路的频率特性

（a）幅频特性；（b）相频特性

2. 谐振频率

在 $f = f_0 = \dfrac{1}{2\pi \sqrt{LF}}$ 处（$X_L = X_C$），即幅频特性曲线尖峰所在的频率点，该频率称为谐振频率，此时电路呈纯阻性，电路阻抗的模为最小。在输入电压 U 为定值时，电路中的电流 I_0 达到最大值，且与输入电压同相位。从理论上讲，此时 $U = U_R = U_0$，$U_{L0} = U_{C0} = QU$，其中 Q 称为电路的品质因数。

3. 电路品质因数 Q 值的两种测量方法

（1）根据公式

$$Q = \frac{U_{L0}}{U} = \frac{U_{C0}}{U}$$

测定，U_{L0} 与 U_{C0} 分别为谐振时电容器 C 和电感线圈 L 上的电压。

（2）通过测量谐振曲线的通频带宽度

$$\Delta f = f_h - f_L$$

再根据

$$Q = \frac{f_0}{f_h - f_H}$$

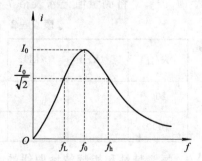

求出 Q 值。其中，f_0 为谐振频率；f_h 和 f_L 是失谐时，幅度下降到最大值的 $\dfrac{1}{\sqrt{2}}$（≈ 0.707）倍时的上、下频率点，也称半功率点频率，如图 7.3 所示。

图 7.3　RLC 电路的通频带

Q 值越大，曲线越尖锐，通频带越窄，电路的选择性越好，在恒压源供电时，电路的品质因数、选择性与通频带只取决于电路本身的参数，而与信号源无关。

三、实验内容

1. 谐振频率的测量

按图 7.4 电路接线，取 $C=0.01~\mu F$，$L=10~mH$，$R=200~\Omega$，调节信号源输出电压为 1 V 正弦信号，并在整个实验过程中保持不变。先找出电路的谐振频率 f_0，其方法是，将交流毫伏表跨接在电阻 R 两端，令信号源的频率由小逐渐变大（注意要维持信号源的输出幅度不变），当 U_0 的读数为最大时，同时 u_i 与 u_R 的相位差为 0。频率计上的频率值即为电路的谐振频率 f_0，测量 U_R、U_{L0}、U_{C0} 的值（注意及时更换毫伏表的量限），并记入表 7−1 中。

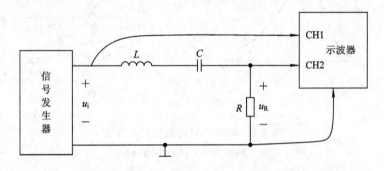

图 7.4 RLC 串联谐振电路实验电路

表 7−1   谐振频率及谐振时的电压和电流测量数据

R/Ω	f_0/kHz	u_i 与 u_R 的相位差	U_{R0}/V	U_{L0}/V	U_{C0}/V	计算 I_0/mA	计算 Q 值
200							
1000							

2. 通频带的测量

在谐振点两侧，应先测出下限频率 f_L 和上限频率 f_h 及相对应的 U_R 值，然后计算 $BW=f_h-f_L$，将测量值记入表格 7−2 中。比较两次计算的 Q 值。

表 7−2   通频带及 Q 值的测量数据

R/Ω	f_L/kHz	f_h/kHz	U_R/V	u_i 与 u_R 的相位差	计算 I/mA	计算 BW	计算 Q 值
200							
1000							

3. 幅频特性和相频特性曲线的测量

在谐振点两侧，按频率递增或递减 500 Hz 或 1000 Hz，依次各取若干测量点，从示波器上读取电阻上的电压 U_R，以及 u_i 与 u_R 的相位差 φ。将测量数据填入表 7−3 中。

表 7 - 3　谐振曲线的测量数据

R/Ω	$L=$____mH, $C=$____μF, $f_0=$____kHz, $f_L=$____kHz,$f_h=$____kHz, $I_0=$____mA	
	f/kHz	
200	U_R/V	
	I/mA	
	$\varphi/°$	
	f/kHz	
1000	U_R/V	
	I/mA	
	$\varphi/°$	

四、实验步骤和方法

1. 实验内容 1 的步骤

(1) 按图 7.4 所示电路在电路板上接线，调节信号源的电压 $U_i=1$ V，$R=200$ Ω。

(2) 用交流毫安表测量电阻上的电压 U_R。调节信号源的频率，使 U_R 最大，这时信号源的频率就是谐振频率。

(3) 谐振时，可观察示波器上 U_{Rm} 为最大，u_i 与 u_R 的相位差为 0，即是同相位。

(4) 确定谐振频率后，测量谐振时 U_R、U_{L0}、U_{C0} 的值，将测量数据填入表 7 - 1 中。

(5) 将电阻 R 换成 $R=1$ kΩ，这时谐振频率应该不变，再测量谐振时 U_R、U_{L0}、U_{C0} 的值，将测量数据填入表 7 - 1 中。

2. 实验内容 2 的步骤

(1) 设 $U_i=1$ V，当 $R=200$ Ω 时，在谐振频率两侧调节信号源频率，使电阻上的电压 $U_R=0.707$ V，记下两个半功率点频率 f_L 和 f_h。

(2) 在测量时，用示波器观察 u_i 和 u_R 的波形，在半功率点频率时，u_R 的最大值应是谐振时最大值的 0.707 倍，u_i 与 u_R 的相位差为 ±45°。将测量数据填入表 7 - 2 中。

(3) 当 R 换成 1 kΩ 时，再重复步骤(1)和(2)，并将测量数据填入表 7 - 2 中。

3. 实验内容 3 的步骤

(1) 当 $R=200$ Ω 时，测量谐振电路的幅频特性和相频特性。频率间隔的选择可以自行根据绘制曲线的要求而定，幅频特性的值可用交流毫伏表或示波器测得。相频特性用示波器测量，将测量数据填入表 7 - 3 中。

(2) 当 $R=1000$ Ω 时，重复(1)中的内容。

(3) 根据所测数据，计算电流 I 的值，并且绘制 $I/I_0 \sim f$ 曲线。

五、实验注意事项

(1) 做谐振曲线的测量时，频率点的选择应在靠近谐振频率附近多取几点。并注意每次改变频率后，应调整信号输出幅度（用示波器监视输出电压的幅度），使其保持不变。

（2）在串联谐振电路中，电感电压和电容电压比电源电压大 Q 倍，在用毫伏表测量时应改变量程。在测量 U_{C0} 与 U_{L0} 时，毫伏表的"＋"端接 C 与 L 的公共点。

（3）应注意，电感线圈不是纯电感，内含有电阻。另外，信号源也含有内阻，用谐振的方法可以测得这些电阻。

（4）在测量输出电压与输入电压之间的相位差时，一定要注意公共端的选取。

六、预习要点

（1）什么是谐振？谐振的条件是什么？估算电路的谐振频率。如何判别电路是否发生谐振？测试谐振点的方案有哪些？

（3）了解 RLC 串联电路的特点。

（3）了解 Q 值的定义、含义及测量方法。要提高 RLC 串联电路的品质因数，电路参数应如何改变？

（4）什么是通频带？什么是半功率点？

（5）明确实验要达到的目的、实验内容，以及实验步骤和方法。

（6）制订实验测试方案，画出谐振电路与仪器的连接图。

七、实验报告要求

（1）画出实验原理电路图，标上参数。

（2）叙述实验内容和步骤，给出各种理论计算、实验测量的数据。

（3）在同一张图上绘制两种 Q 值的幅频特性，纵坐标为电流比值 I/I_0，横坐标为频率 f。在另一张图上绘制两种 Q 值的相频特性。

（4）计算出通频带与 Q 值，说明不同 R 值时对电路通频带与品质因数的影响。对两种不同的测 Q 值的方法进行比较，分析误差原因。

（5）通过本次实验，总结、归纳串联谐振电路的特性。

八、实验设备

（1）GOS－620 20 MHz 双轨迹示波器或 TDS1002 型数字式存储示波器 1 台。

（2）EE1641B1 函数信号发生器或 EE1641D 函数信号发生器 1 块。

（3）交流毫伏表 1 个。

（4）电阻、电感、电容元件若干。

（5）电路板 1 块。

实验 16　RC 选频电路的测试

一、实验目的

（1）熟悉 RC 串并联网络的特点及其应用。

（2）熟悉 RC 双 T 网络的特点及其应用。

（3）学会测定 RC 电路的幅频特性和相频特性。

（4）理解电路频率特性的物理意义。

二、实验原理与说明

1. RC 串、并联网络的频率特性

RC 串并联电路如图 7.5(a) 所示，该电路结构简单，被广泛用于低频振荡电路中作为选频环节，可以获得很高纯度的正弦波电压。

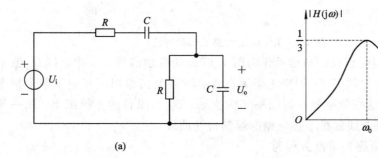

图 7.5　RC 串、并联电路及幅频特性

用函数信号发生器的正弦输出信号作为图 7.5(a) 的激励信号 U_i，并保持 U_i 值不变的情况下，改变输入信号的频率 f，用交流毫伏表或示波器测出输出端相应于各个频率点下的输出电压 U_o 值，将这些数据画在以频率 f 为横轴，U_o 为纵轴的坐标纸上，用一条光滑的曲线连接这些点，该曲线就是上述电路的幅频特性曲线。

该电路的一个特点是其输出电压幅度不仅会随输入信号的频率而变，而且还会出现一个与输入电压同相位的最大值，如图 7.5(b) 所示。

设 $Z_1 = R + \dfrac{1}{j\omega C}$，$Y_2 = \dfrac{1}{R} + j\omega C$，则有 $Z_2 = \dfrac{1}{Y_2}$。由分压公式知

$$\dot{U}_o = \frac{Z_2}{Z_1 + Z_2}\dot{U}_i = \frac{1}{1 + Z_1 Y_2}\dot{U}_i$$

网络函数为

$$H(j\omega) = \frac{\dot{U}_o}{\dot{U}_i} = \frac{1}{1 + \left(R + \dfrac{1}{j\omega C}\right)\left(\dfrac{1}{R} + j\omega C\right)}$$

$$= \frac{1}{3 + j\left(\omega RC - \dfrac{1}{\omega RC}\right)}$$

当角频率 $\omega = \omega_0 = \dfrac{1}{RC}$，即 $f = f_0 = \dfrac{1}{2\pi RC}$ 时，$|H(j\omega)| = \dfrac{U_o}{U_i} = \dfrac{1}{3}$，且此时 U_o 与 U_i 同相位，f_0 称为电路中心频率。

由图 7.5(b) 可见 RC 串并联电路具有带通特性。

2. RC 双 T 网络的频率特性

RC 双 T 网络如图 7.6(a) 所示，该电路结构简单，被广泛用于低频振荡电路中作为选频环节，可以对某一频率的正弦波信号阻塞。

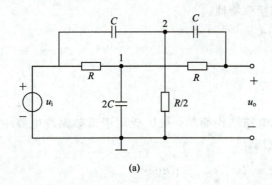 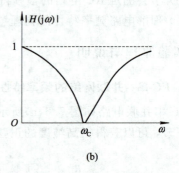

(a)　　　　　　　　　　　　　　　　(b)

图 7.6　RC 双 T 电路及幅频特性

用函数信号发生器的正弦输出信号作为图 7.6(a) 的激励信号 u_i，并保持 U_i 值不变的情况下，改变输入信号的频率 f，用交流毫伏表或示波器测出输出端相应于各个频率点下的输出电压 U_o 值，将这些数据画在以频率 f 为横轴，U_o 为纵轴的坐标纸上，用一条光滑的曲线连接这些点，该曲线就是上述电路的幅频特性曲线。

对图 7.6(a) 中的电路列节点方程为

$$\left(\frac{2}{R}+\mathrm{j}2\omega C\right)\dot{U}_1-\frac{1}{R}\dot{U}_o=\frac{1}{R}\dot{U}_i \tag{7.1}$$

$$\left(\frac{2}{R}+\mathrm{j}2\omega C\right)\dot{U}_2-\mathrm{j}\omega C\dot{U}_o=\mathrm{j}\omega C\dot{U}_i \tag{7.2}$$

$$\left(\frac{1}{R}+\mathrm{j}\omega C\right)\dot{U}_o-\mathrm{j}\omega C\dot{U}_2-\frac{1}{R}\dot{U}_1=0 \tag{7.3}$$

由式 (7.3) 可得

$$(1+\mathrm{j}\omega RC)\dot{U}_o-\mathrm{j}\omega RC\dot{U}_2=\dot{U}_1 \tag{7.4}$$

将式 (7.4) 代入式 (7.1) 消去，得

$$-2(1+\mathrm{j}\omega RC)\mathrm{j}\omega RC\dot{U}_2+[2(1+\mathrm{j}\omega RC)^2-1]\dot{U}_o=\dot{U}_i \tag{7.5}$$

将式 (7.2) 整理得

$$2(1+\mathrm{j}\omega RC)\dot{U}_2-\mathrm{j}\omega RC\dot{U}_o=\mathrm{j}\omega RC\dot{U}_i \tag{7.6}$$

联立求解式 (7.5)、(7.6)，由行列式求得

$$\dot{U}_o=\frac{\begin{vmatrix}-2(1+\mathrm{j}\omega RC)\mathrm{j}\omega RC & 1\\ 2(1+\mathrm{j}\omega RC) & \mathrm{j}\omega RC\end{vmatrix}}{\begin{vmatrix}-2(1+\mathrm{j}\omega RC)\mathrm{j}\omega RC & 2(1+\mathrm{j}\omega RC)^2-1\\ 2(1+\mathrm{j}\omega RC) & -\mathrm{j}\omega RC\end{vmatrix}}\dot{U}_i$$

该电路的网络函数为

$$H(\mathrm{j}\omega)=\frac{\dot{U}_o}{\dot{U}_i}=\frac{1-\omega^2R^2C^2}{1-\omega^2R^2C^2+\mathrm{j}\omega4RC}$$

当角频率 $\omega=\omega_0=\frac{1}{RC}$，即 $f=f_0=\frac{1}{2\pi RC}$ 时，$|H(\mathrm{j}\omega)|=\frac{U_o}{U_i}=0$，$f_0$ 称电路阻带中心频率。

由图 7.6(b) 可见 RC 双 T 电路具有带阻特性。

三、实验内容

1. RC 串-并联网络幅频特性测试

按图 7.7 所示电路接线，取 $R=10\ \mathrm{k\Omega}$，$C=0.1\ \mu\mathrm{F}$，用信号发生器作信号源，用示波器和交流毫伏表测量电路输出电压的幅频特性。将测量数据记录于表 7-4 中。

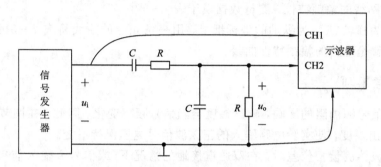

图 7.7　RC 串-并联电路实验电路

表 7-4　RC 串-并联网络幅频特性曲线的测量数据

f/kHz	$f_0=$				
U_i/V					
U_o/V					

2. RC 双 T 网络幅频特性测试

将图 7.7 中的 RC 串-并联网络换成双 T 网络，取 $R=2\ \mathrm{k\Omega}$，$C=0.01\ \mu\mathrm{F}$，用信号发生器作信号源，用示波器和交流毫伏表测量电路输出电压的幅频特性。将测量数据记录于表 7-5 中。

表 7-5　RC 双 T 网络幅频特性曲线的测量数据

f/kHz	$f_0=$				
U_i/V					
U_o/V					

四、实验步骤和方法

1. 实验内容 1 的步骤

（1）按图 7.7 所示电路接线，用信号发生器产生的正弦信号作电路的输入信号，在保持输入电压有效值 $U_\mathrm{i}=3\ \mathrm{V}$ 不变的情况下，通过输入信号频率的变化，借助交流毫伏表和示波器获得电路的频率特性。

（2）中心频率的测量，调整输入信号的频率，用毫伏表检测电路的最大输出电压 U_om。这时，用示波器测试输出电压 u_o 与输入电压 u_i 的相位差 $\varphi=0°$，测量数据填于表 7-4 中。

（3）幅频特性测量，在中心频率 f_0 两侧调整输入信号的频率，用示波器或毫伏表检测输入信号频率的输出信号。测量数据填于表 7-5 中。

（4）在以 $\lg f$ 为横轴、$U_\circ$ 为纵轴的坐标纸上，用一条光滑的曲线将表 7-4 所测数据连接起来，该曲线就是电路的幅频特性曲线。在所做幅频特性曲线上标注电路的通带中心频率 $f_\circ$ 和最大输出电压 U_{om}。

2. 实验内容 2 的步骤

将图 7.7 所示电路中 RC 串-并联网络换成 RC 双 T 网络接线，仿照实验内容 1 的方法测量 RC 双 T 网络的幅频特性。测量数据填于表 7-5 中。

在以 $\lg f$ 为横轴、$U_\circ$ 为纵轴的坐标纸上，用一条光滑的曲线将表 7-5 所测数据连接起来，该曲线就是电路的幅频特性曲线。

五、实验注意事项

（1）由于信号源内阻的影响，输出幅度会随信号频率变化。因此，在调节输出频率时，应同时调节输出幅度，使实验电路输入的正弦波信号电压保持不变。

（2）用示波器测量相位差时，在双通道接地的情况下（或信号未输入前），两条水平扫描线一定要重合在同一刻度线上，否则，读数不准确。

（3）使用毫伏表测量时，一定要选择适合的量程，不要用小量程测大电压。

六、预习要点

（1）什么是电路的频率响应、幅频特性和相频特性？

（2）RC 串-并联网络的频率特性有什么特点？

（3）RC 双 T 网络的频率特性有什么特点？

（4）根据电路参数，分析估算 RC 串-并联网络和 RC 双 T 网络的中心频率 $f_\circ$。

（5）两个网络在中心频率 $f_\circ$ 时，其幅值和相位是多少？

（6）拟订测量方案和实验步骤，准备对数坐标纸。

七、实验报告要求

（1）画出实验原理电路图，标上参数，说明实验步骤。

（2）根据实验数据填写相应表格，完成各项计算，画出两网络的半对数的幅频特性曲线。

（3）得出实验结论，总结测量电路频率特性的方法。

（4）进行测量误差分析。

（5）写出本次实验的心得体会。

八、实验设备

（1）GOS-620 20 MHz 双轨迹示波器或 TDS1002 型数字式存储示波器 1 台。

（2）EE1641B1 函数信号发生器或 EE1641D 函数信号发生器 1 块。

（3）交流毫伏表 1 个。

（4）电阻、电感、电容元件若干。

（5）电路板 1 块。

下 篇

电路的计算机辅助分析

第 8 章　EWB 仿真实验

本章主要学习用 EWB 进行电路的仿真实验，涉及用 EWB 创建电路以及虚拟元件和虚拟仪器的使用，用 EWB 的直流分析、交流频率分析、瞬态分析、参数扫描等功能分析电路。通过 EWB 的分析与测试，进一步加深对仿真软件使用方法的掌握，对类似的仿真软件的使用有较大的参考价值。

实验 17　电路的直流分析

一、实验目的

（1）学习创建、编辑 EWB 电路的方法。

（2）掌握 EWB 的直流分析方法。

（3）学会虚拟仪器中电压表、电流表的测量方法。

（4）加深对电路分析方法的理解。

二、实验原理与仿真示例

直流电路的分析在"电路分析基础"课程中介绍了许多方法，对简单电路可用串—并联、分压公式和分流公式，以及用 KVL 和 KCL 方法；对于复杂电路可用节点方程、网孔方程、叠加定理、戴维南定理和诺顿定理，以及电源等效变换等。用 EWB 怎么分析直流电路呢？下面举例说明。

例 1　在图 8.1(a)所示电路中，求电路中 R_1 的电压和流过 R_4 的电流。

解法 1：用 EWB 建立如图 8.1(a)所示的仿真电路，注意选择接地点。在分析直流工作点之前，要选择"Circuit"菜单下"Schematic Option"中的"Show node"（显示节点）项，以把电路的节点号显示在电路上。执行"Analysis"中的"DC Operating Point"，显示结果如图8.1(b)所示。

显然，电阻 R_1 的电压为 $U_{R1}=U_3-U_2=5.1379-4.7179=0.42$ V，方向为左负右正。电阻 R_4 中的电流为 $I_{R4}=\dfrac{U_1}{R_4}=\dfrac{1.9169\ \text{V}}{220\ \Omega}=8.7132$ mA。

解法 2：若要求直接计算出电阻 R_4 中的电流，可以如图 8.2(a)加零值电压源，分析结果如图 8.2(b)，其中 V3 电流即为 R_4 中的电流，电流方向从上到下。

解法 3：采用虚拟仪器测量。选电压表和电流表，如图 8.3 所示进行连接，注意粗线为负端。启动主窗口右上角的仿真开关，观察电压表和电流表的显示。

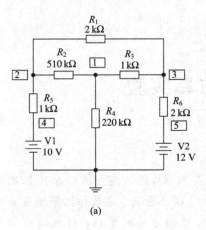

Node/Branch	Voltage/Current	
1	1.9169	
2	4.7179	
3	5.1379	
4	10	
5	12	
V1#branch	−0.0052821	
V2#branch	−0.003431	

(a)   (b)

图 8.1 电阻电路的直流分析

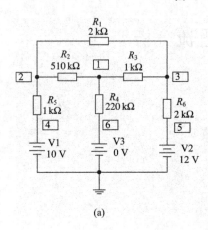

Node/Branch	Voltage/Current	
1	1.9169	
2	4.7179	
3	5.1379	
4	10	
5	12	
6	0	
V1#branch	−0.0052821	
V2#branch	−0.003431	
V3#branch	0.0087132	

(a)   (b)

图 8.2 加零值电压源求支路电流

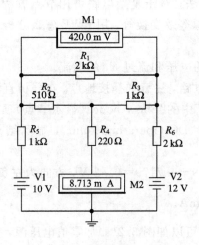

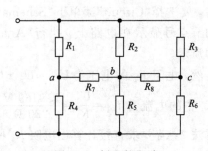

图 8.3 用电表直接测量   图 8.4 例 2 的电路

例 2 在图 8.4 所示的电路中，若 a、b、c 各点的电位相等，则有如下关系：

$$\frac{R_1}{R_4} = \frac{R_2}{R_5} = \frac{R_3}{R_6}$$

证明：用 EWB 建立如图 8.5(a)所示仿真电路，注意选择接地点。在分析直流工作点之前，要选择"Circuit"菜单下"Schematic Option"中的"Show node"（显示节点）项，以把电路的节点号显示在电路上。执行"Analysis"中的"DC Operating Point"，显示结果如图 8.5(b)所示。

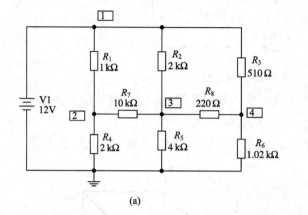

Node/Branch	Voltage/Current
1	12
2	8
3	8
4	8
V1#branch	−0.013843

(a)   (b)

图 8.5　例 2 的电路及计算

由于 $\frac{R_1}{R_4} = \frac{R_2}{R_5} = \frac{R_3}{R_6} = \frac{1}{2}$，因此节点 2、3、4 是等电位，均为 8 V。

再用 EWB 的"Parameter Sweep"分析功能，改变电阻 R_7，从 3~12 kΩ，选节点 3 为输出，设置如图 8.6(a)所示，仿真结果如图 8.6(b)所示。可见，改变电阻 R_7 的值，节点 3 的电压不变。同理，改变 R_8 也不会改变节点 2、3、4 的电位。

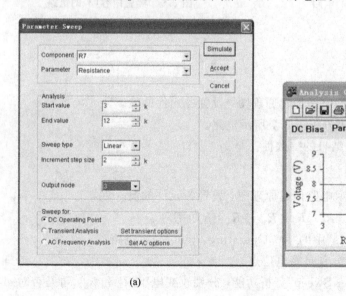 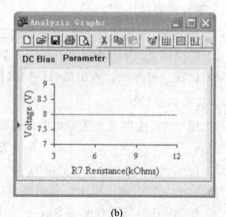

(a)   (b)

图 8.6　例 2 的参数扫描分析

三、实验内容

（1）用 EWB 计算如图 8.7 所示电路的 U_1、U_2 和 I_3。

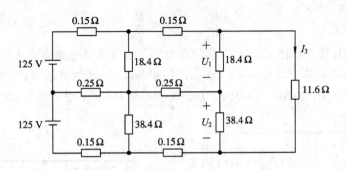

图 8.7　实验内容(1)的电路

(2) 在图 8.8 所示的电路中，若 a 与 b 及 c 与 d 分别是等电位点，则有如下关系：

$$R_1 : R_2 : R_3 = R_4 : R_5 : R_6$$

(3) 电路如图 8.9 所示，正方体每条棱的电阻为 1 Ω，求 A、B 间的等效电阻 R_{AB}。

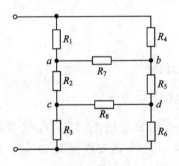

图 8.8　实验内容(2)的电路

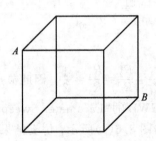

图 8.9　实验内容(3)的电路

四、实验步骤和方法

1. 实验内容(1)

(1) 用 EWB 按图 8.7 所示电路创建原理图，设置各元件的值。

(2) 仿照例 1，用三种方法分析图 8.7 所示电路。

(3) 比较三种方法计算出结果的一致性。

2. 实验内容(2)

(1) 用 EWB 按图 8.8 所示电路创建原理图，设置各元件的值，使

$$R_1 : R_2 : R_3 = R_4 : R_5 : R_6$$

(2) 仿照例 2，用"Analysis"中的"DC Operating Point"分析电路。

(3) 检验 a 与 b 及 c 与 d 分别是等电位点。

(4) 用 EWB 的"Parameter Sweep"分析功能，分别改变电阻 R_7 和 R_8，看是否对 a 与 b 及 c 与 d 的电位产生影响。

3. 实验内容(3)

(1) 用 EWB 按图 8.9 所示电路创建原理图，设置各元件的值。

(2) 在图 8.9 所示电路中的 A 和 B 间加 1 A 电流源，测量 AB 间的电压。

（3）AB 间的电压就是 AB 间的等效电阻。

五、实验注意事项

（1）选择"Circuit"菜单下"Schematic Option"中"Show node"来显示电路中的节点，"Show reference ID"来显示电路中的元件标识，如 R1、V1 等。

（2）在直流分析时，电路中要选择参考点，即接地点。

（3）直流电压表和电流表的粗线端为负极，电压表和电流表的接线可以横接也可以纵接。

（4）用"Parameter Sweep"分析时，应选择要扫描的变量，同时也要选择要分析的变量。EWB弹出的曲线图中扫描的变量为横轴，分析的变量为纵轴。

六、预习要点

（1）在 EWB 中如何创建电路图？如何设置元件的参数？

（2）如何在电路图中显示节点号和元件的标识？

（3）电压表和电流表的接法。

（4）例 2 的理论证明。

（5）直流分析的三种方法，参数扫描功能的应用。

七、实验报告要求

（1）熟悉用 EWB 创建的实验原理电路图。

（2）叙述实验内容和步骤，进行各种理论计算。

（3）给出 EWB 计算出的各种图表。

（4）通过本次实验，总结、归纳 EWB 仿真的步骤和方法。

八、实验设备

（1）计算机 1 台。

（2）EWB5.0 软件 1 套。

实验 18　电路定理的验证

一、实验目的

（1）学习创建、编辑 EWB 电路的方法。

（2）掌握 EWB 的直流分析方法和参数扫描方法。

（3）学会虚拟仪器中使用电压表、电流表的测量方法。

（4）加深对电路定理的理解。

二、实验原理与仿真示例

电路定理包括叠加定理、戴维南定理、诺顿定理、特勒根定理和互易定理等。

例 3 在图 8.10 所示电路中，用叠加定理求电路中 R_1 的电压和 R_4 中的电流。

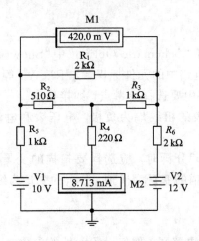

图 8.10 例 3 的电路

解：采用虚拟仪器测量。选电压表和电流表，如图 8.10 所示进行连接，注意粗线为负端。启动主窗口右上角的仿真开关，观察电压表和电流表的显示。

用叠加定理，使电压源 V1 单独作用，令电压源 V2 为 0，如图 8.11(a)所示。再令电压源 V1 为 0，电压源 V2 单独作用，如图 8.11(b)所示。

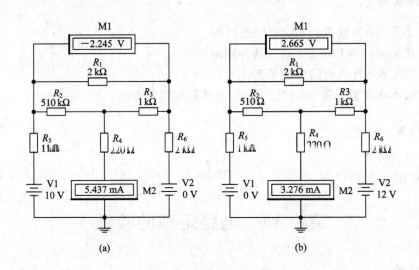

图 8.11 用叠加定理测量电路

从以上三图可知，两个电压源共同作用时的响应(见图 8.10)，是两个电压源分别单独作用的响应之和(见图 8.11)，符合叠加定理。

例 4 求如图 8.12 所示电路的戴维南等效电路。

解法 1：用 EWB 建立如图 8.13(a)所示仿真电路，注意选择接地点。在分析直流工作点之前，要选择"Circuit"菜单下"Schematic Option"中"Show node"(显示节点)项，以把电路的节点号显示在电路上。用 EWB 的"Parameter Sweep"分析功能，显示结果如图 8.13 (b)所示。

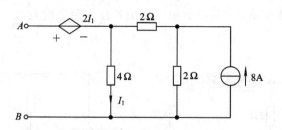

图 8.12　例 4 的电路

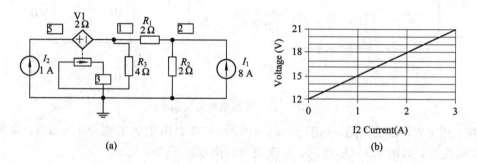

(a)　　　　　　　　　　　　　　(b)

图 8.13　例 4 的电路及参数扫描

显然，$I_1 = 0$ 时为开路电压，即 $U_{OC} = 12$ V，等效电阻为 $R_0 = \dfrac{21-12}{3} = 3\ \Omega$。

解法 2：用电压表直接测量开路电压，如图 8.14(a)所示，可见开路电压为 12 V。测量等效电阻如图 8.14(b)所示。

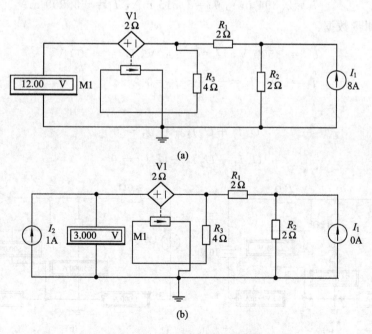

图 8.14　例 4 电路的直接测量

显然，开路电压为 $U_{OC} = 12$ V，等效电阻为 $R_0 = 3/1 = 3\ \Omega$。

例 5　用互易定理求图 8.15(a)所示电路中 8 Ω 电阻中的电流。

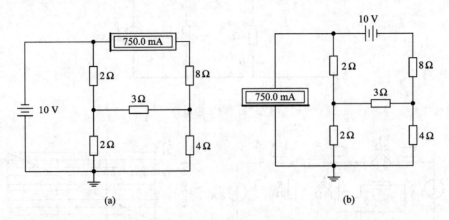

图 8.15　互易定理的验证

　　解：用 EWB 创建电路，如图 8.15(a)所示。8 Ω 电阻中的电流为 750 mA，将激励和响应互换位置，如图 8.15(b)所示，电流表中的读数仍是 750 mA。

　　例 6　验证特勒根定理二。

　　解：电路如图 8.16 所示，两个电路的图完全相同，但各支路中的元件完全不同。

测得各支路的电压和电流如下：

图 8.16(a)的测量数据：

$$U_1 = 2.181 \text{ V}, \quad U_2 = 2.181 \text{ V}, \quad U_3 = 2.181 \text{ V}$$

$$I_1 = 2.394 \text{ mA}, \quad I_2 = 1.515 \text{ mA}, \quad I_3 = -3.909 \text{ mA}$$

图 8.16(b)的测量数据：

$$\hat{U}_1 = -500 \text{ V}, \quad \hat{U}_2 = -500 \text{ V}, \quad \hat{U}_3 = -500 \text{ V}$$

$$\hat{I}_1 = 1 \text{ A}, \quad \hat{I}_2 = -1 \text{ A}, \quad \hat{I}_3 = 0 \text{ A}$$

可以证明：

$$\hat{U}_1 I_1 + \hat{U}_2 I_2 + \hat{U}_3 I_3 = 0$$

$$U_1 \hat{I}_1 + U_2 \hat{I}_2 + U_3 \hat{I}_3 = 0$$

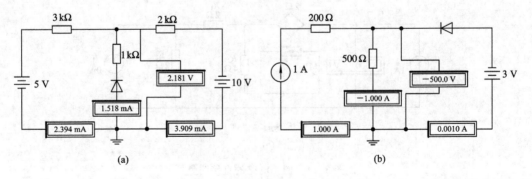

图 8.16　特勒根定理的验证

三、实验内容

（1）用叠加定理计算如图 8.17 所示电路的电流 I。

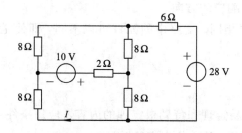

图 8.17　叠加定理计算电路

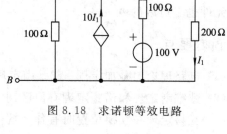

图 8.18　求诺顿等效电路

（2）求图 8.18 所示的电路的诺顿等效电路。

（3）如图 8.19 所示电路，验证互易定理。

（4）自拟电路，验证特勒根定理。

四、实验步骤和方法

1. 实验内容（1）

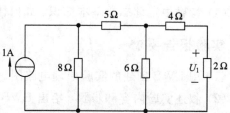

图 8.19　验证互易定理的电路

（1）用 EWB 按图 8.17 所示电路创建原理图，设置各元件的值。

（2）仿照例 3，用直接测量的方法测量电路。

（3）验证叠加定理的正确性。

2. 实验内容（2）

（1）用 EWB 按图 8.18 所示电路创建原理图，设置各元件的值。

（2）仿照例 4，用两种方法分析电路。

（3）检验两种方法分析的结果是一致的。

3. 实验内容（3）

（1）用 EWB 按图 8.19 所示电路创建原理图，设置各元件的值。

（2）仿照例 5，将激励源和响应互换位置，再进行测量。

（3）验证互易定理的正确性。

4. 实验内容（4）

（1）用 EWB 创建自己设计的电路原理图，设置各元件的值。

（2）仿照例 6，测量两个有相同电路结构而电路中支路元件不同的电路。

（3）验证特勒根定理二的正确性。

五、实验注意事项

（1）选择"Circuit"菜单下"Schematic Option"中"Show node"来显示电路中的节点，"Show reference ID"来显示电路中的元件标识，如 R1、V1 等。

（2）在测量时，电路中要选择参考点，即接地点。

（3）诺顿等效电路与戴维南等效电路是对偶的，用"Parameter Sweep"分析时，应选择要扫描的变量是电压源。

（4）验证互易定理，在互换时应注意激励和响应的方向。

（5）验证特勒根定理二时，两个电路的图要相同，支路中的元件可以不同，即使是非线性元件也是可以的。

六、预习要点

（1）电路理论中叠加定理、戴维南定理、互易定理和特勒根定理的内容及应用条件。

（2）戴维南定理和诺顿定理有何区别？如何用 EWB 仿真实验验证？

（3）互易定理在互换位置时有什么规律？

（4）特勒根定理二的基本知识。如何构造两个电路验证特勒根定理二的正确性？

七、实验报告要求

（1）用 EWB 创建的实验原理电路图。

（2）叙述实验内容和步骤，给出 EWB 计算出的各种图表。

（3）通过本次实验，总结、归纳 EWB 仿真的步骤和方法。

八、实验设备

（1）计算机 1 台。

（2）EWB5.0 软件 1 套。

实验 19　一阶和二阶电路的响应

一、实验目的

（1）学习创建、编辑 EWB 电路的方法。

（2）掌握 EWB 的测量分析方法。

（3）学会虚拟仪器中使用信号发生器、示波器的测量方法。

（4）加深对一阶电路和二阶电路的理解。

二、实验原理与仿真示例

一阶电路和二阶电路的分析方法在"电路分析基础"课程中已作了重点介绍。下面用 EWB 来测量分析，并举例说明。

例 7　观察 RC 电路的零输入响应、零状态响应，并测量时间常数。

（1）创建如图 8.20 所示的仿真实验电路。

（2）信号发生器设置为方波，参数选择如图 8.21 所示。

（3）调节示波器参数，观察充放电波形，如图 8.22 所示。

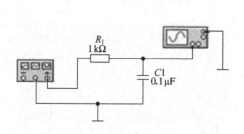

图 8.20　例 7 的电路

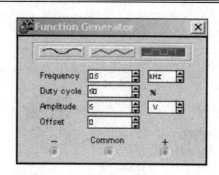

图 8.21　信号发生器的设置

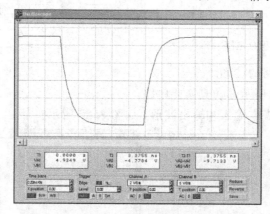

图 8.22　示波器的充放电波形

方法：打开开关，按"暂停"按钮。

（4）测量时间常数：改变时间轴，移动示波器上的游标。红色游标对准初值，蓝色游标对准终值的 63%。可得 $\tau = T_2 - T_1$，如图 8.23 所示。

$$\tau = T_2 - T_1 = 103.4 \ \mu s$$

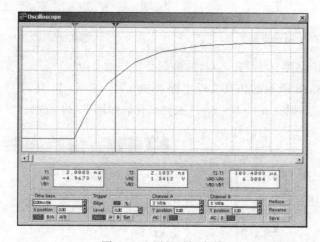

图 8.23　测量时间常数

例 8　观察积分电路的波形。

（1）创建如图 8.24 所示的仿真实验电路。

（2）改变 R 或 C，观察输入和输出波形，如图 8.25 所示。

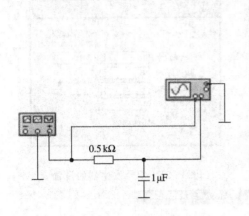

图 8.24　积分电路

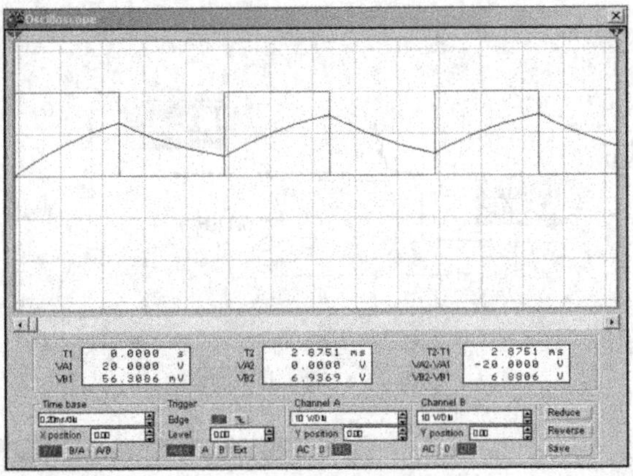

图 8.25　积分电路波形

例 9　观察微分电路的波形。

(1) 创建如图 8.26 所示的仿真实验电路。

(2) 改变 R 或 C，观察输入和输出波形，如图 8.27 所示。

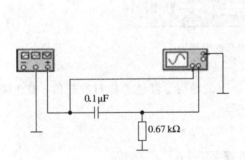

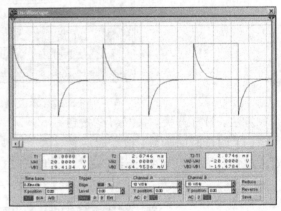

图 8.26　微分电路

图 8.27　微分电路波形

例 10　观察 RC 电路 $u_C(t)$ 和 $i_C(t)$ 的波形。

(1) 创建如图 8.28 所示的仿真实验电路。

(2) 改变 R 或 C，观察 $u_C(t)$ 和 $i_C(t)$ 如何变化，如图 8.29 所示。

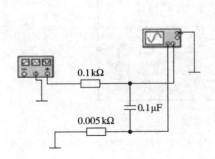

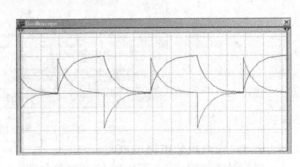

图 8.28　一阶电路

图 8.29　一阶电路的电容电压和电流波形

例 11　观察 RLC 串联电路 $u_S(t)$ 和 $u_C(t)$ 的零输入响应、零状态响应。

（1）创建如图 8.30 所示的仿真实验电路。

（2）改变 R 的值，观察 $u_S(t)$ 和 $u_C(t)$ 的四种波形，信号源设置如图 8.31 所示。

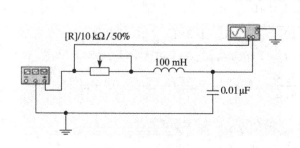

图 8.30　二阶电路　　　　　　　　图 8.31　信号发生器设置

$u_S(t)$、$u_C(t)$ 的波形如图 8.32(a) 所示（R 取 84%）。

$u_S(t)$、$u_C(t)$ 的波形如图 8.32(b) 所示（R 取 64%）。

$u_S(t)$、$u_C(t)$ 的波形如图 8.32(c) 所示（R 取 16%）。

$u_S(t)$、$u_C(t)$ 的波形如图 8.32(d) 所示（R 取接近 0 Ω）。

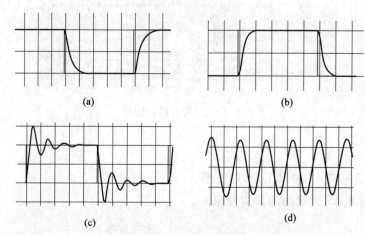

图 8.32　二阶电路的四种波形

（a）过阻尼；（b）临界阻尼；（c）欠阻尼；（d）无阻尼

例 12　计算和测量 RLC 串联电路的衰减振荡频率 ω_d 和衰减系数 α，电路如图 8.33 所示。

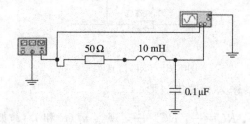

图 8.33　RLC 串联的二阶电路

理论计算：

$$\alpha = \frac{R}{2L} = \frac{50}{2 \times 0.01} = 2500$$

$$\omega_0 = \frac{1}{\sqrt{LC}} = \frac{1}{\sqrt{0.01 \times 0.1 \times 10^{-6}}} = 3.16 \times 10^4 \ \text{rad/s}$$

$$\omega_d = \sqrt{\omega_0^2 - \alpha^2} = \sqrt{(3.16 \times 10^4)^2 - 2500^2} = 3.15 \times 10^4 \ \text{rad/s}$$

示波器的波形如图 8.34 所示，$T_d = t_2 - t_1 = 215 \ \mu s$，$U_{1m} = 7.8 \ \text{V}$，$U_{2m} = 4.8 \ \text{V}$。

测量数据计算：$\alpha = \frac{1}{T_d} \ln \frac{U_{1m}}{U_{2m}} = \frac{10^6}{215} \ln \frac{7.8}{4.8} = 2258$，$\omega_d = \frac{2\pi}{T_d} = 2.92 \times 10^4 \ \text{rad/s}$。

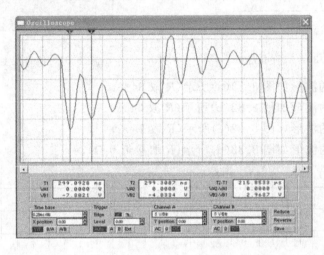

图 8.34　二阶电路的测量

三、实验内容

（1）观察 RC 电路 $u_c(t)$ 和 $i_c(t)$ 的波形。

① 创建如图 8.35 所示的仿真实验电路。

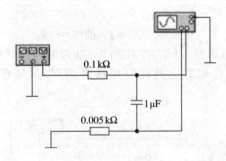

图 8.35　RC 仿真实验电路

② 改变 R 或 C，观察输入和输出波形。

使 $RC = \frac{T}{10}$，$RC \ll \frac{T}{2}$，$RC = \frac{T}{2}$，$RC \gg \frac{T}{2}$，观察 $u_C(t)$ 和 $i_C(t)$ 如何变化，并作记录。

（2）设计一个微分器电路，对于频率为 $f = 1 \ \text{kHz}$ 的方波信号的微分输出满足：

① 尖脉冲的幅度大于 1 V。

② 脉冲衰减到零的时间 $t < T/10$，电容值取 $C = 0.1\ \mu F$。

（3）观察 RLC 串联电路 $u_C(t)$ 的零输入响应、零状态响应。

① 创建如图 8.36 所示的仿真实验电路。

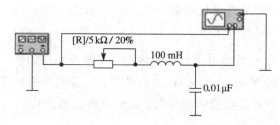

图 8.36　RLC 串联仿真实验电路

② 改变 R 的值，观察 $u_S(t)$、$u_C(t)$ 的三种波形，记下参数和波形图，频率 $f = 500$ Hz。

（4）在欠阻尼情况下，选取 R，改变 L 或 C 的值观察 $u_C(t)$ 的变化趋势。选取 L，改变 R 观察衰减快慢和振荡幅度，或改变 C 观察振荡频率，并将参数和波形图填入表 8.1 中。

表 8.1　欠阻尼响应波形参数的测量

电路参数实验次数	元件参数				u_C 测量值					u_C 理论值		
	$R/k\Omega$	$R' = 2\sqrt{\dfrac{L}{C}}$	L	C	$T_d/\mu s$	U_{1m}/V	U_{2m}/V	α	$\omega_d/$ (rad/s)	α	$\omega_d/$ (rad/s)	$\omega_0/$ (rad/s)
1			10 mH	0.01 μF								
2			10 mH	5600 pF								
3			10 mH	5600 pF								

注：R 应小于 $R'/4$，这是因为电阻越小振荡越强烈，用示波器越容易观察记录。

（5）观察 RLC 并联电路 $u_C(t)$ 的零输入响应、零状态响应。

① 创建如图 8.37 所示的仿真实验电路。

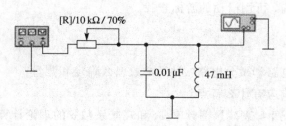

图 8.37　RLC 并联仿真实验电路

② 改变 R 的值，观察 $u_C(t)$ 的三种波形，并记下参数和波形图，频率 $f = 500$ Hz。

四、实验步骤和方法

1. 实验内容(1)

（1）用 EWB 按图 8.35 所示电路创建原理图，设置各元件的值。

（2）5 Ω 电阻为取样电阻，其上的电压表示电容电流，改变边线的颜色为红色，以便在示波器上观察波形。

(3) 改变电路的时间常数 $RC = \dfrac{T}{10}$, $RC \ll \dfrac{T}{2}$, $RC = \dfrac{T}{2}$, $RC \gg \dfrac{T}{2}$, 观察波形并作记录。

2. 实验内容(2)

(1) 设计 RC 微分电路, 用 EWB 按所设计的电路创建原理图。

(2) 测量电路指标, 看是否满足要求。

3. 实验内容(3)

(1) 用 EWB 按图 8.36 所示电路创建原理图, 设置各元件的值。

(2) 改变 R 的值, 观察 $u_S(t)$ 和 $u_C(t)$ 的过阻尼、欠阻尼和临界阻尼三种波形。

(3) 记录三种情况下的参数值和波形图, 以便与理论值比较。

4. 实验内容(4)

(1) 在图 8.36 所示电路基础上, 改变各元件的值。

(2) 在欠阻尼时的三种数据下, 测量和计算的值填入表 8.1 中。

(3) 记录三种情况下的参数值和波形图, 以便与理论值比较。

5. 实验内容(5)

(1) 用 EWB 按图 8.37 所示电路创建原理图, 设置各元件的值。

(2) 改变 R 的值, 观察 $u_C(t)$ 的三种波形。

(3) 记录三种情况下的参数值和波形图, 以便与理论值比较。

五、实验注意事项

(1) 示波器上的波形颜色取决于与示波器连线的颜色, 这样可以区别不同变量波形的颜色。

(2) 调节 R 时要细心, 临界阻尼要找准。

(3) 整个实验过程中方波源的频率可以改变。

(4) 峰值要读准确, 可用滑动的游标查找。

六、预习要点

(1) 什么是积分电路和微分电路? 时间常数怎么确定和测量?

(2) 二阶电路的响应有什么特点?

(3) 在欠阻尼情况下, 衰减振荡频率 ω_d 和衰减系数 α 的理论计算和测量方法。

(4) 虚拟仪器信号发生器和示波器的使用方法。

(5) 一阶电路和二阶电路的仿真实验步骤和方法。

七、实验报告要求

(1) 根据实验观测结果, 总结测量时间常数的方法。

(2) 实验内容和步骤, 各种理论计算。

(3) EWB 计算出的各种图表。

(4) 归纳、总结电路元件参数的改变对响应变化趋势的影响。

八、实验设备

（1）计算机 1 台。

（2）EWB5.0 软件 1 套。

实验 20　动态电路的瞬态分析

一、实验目的

（1）学习创建、编辑 EWB 电路的方法。

（2）掌握 EWB 的瞬态分析方法。

（3）学会虚拟元件的使用方法。

（4）加深对电路时域分析方法的理解。

二、实验原理与仿真示例

EWB 的瞬态分析即观察所选定的节点在整个显示周期中每一时刻的电压波形，下面举例说明。

例 13　研究 RLC 串联的二阶电路中参数变化对响应的影响。

（1）用 EWB 建立如图 8.38(a)所示的仿真电路，注意选择接地点。选择"Circuit"菜单下"Schematic Option"中"Show node"（显示节点）项，把电路的节点号显示在电路上。设置时电源的频率、占空比和电压幅值，如图 8.38(b)所示。

（2）执行"Transient"命令弹出的对话框如图 8.39(a)所示。该对话框提供 3 种初始值，选择好开始时间、终止时间、步长，最后选择要分析的节点。单击"Simulate"按钮即可弹出 EWB 计算绘制的瞬态响应曲线，如图 8.39(b)所示。

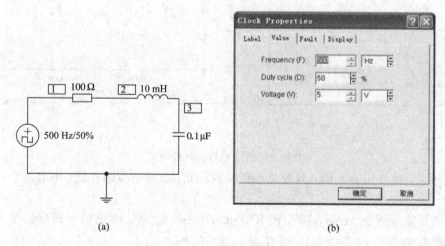

(a)　　　　　　　　　　　　　　(b)

图 8.38　仿真电路的创建和设置

(a) RLC 串联电路；(b) 时钟电源的设置

（3）选择菜单命令"Analysis"下的"Parameter Sweep"项，弹出的对话框如图 8.40(a)

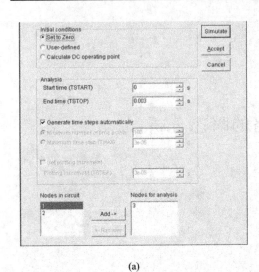

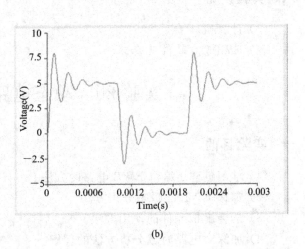

(a)　　　　　　　　　　　　　　　　　　　　(b)

图 8.39　瞬态响应分析结果

所示。选择要改变的参数 C1，变化范围选 $0.1\sim0.5~\mu\mathrm{F}$，扫描方式选线性，增量选 $0.2~\mu\mathrm{F}$。最后选择要分析的节点。单击"Simulate"按钮即可弹出 EWB 计算绘制的瞬态响应曲线，如图 8.40(b)所示。

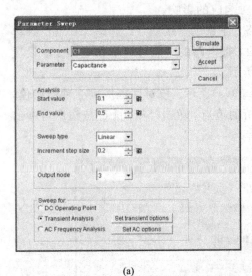

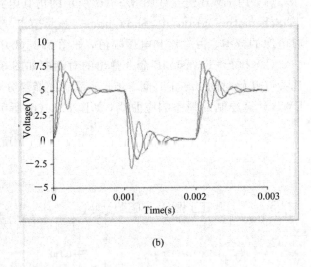

(a)　　　　　　　　　　　　　　　　　　　　(b)

图 8.40　改变电容的分析结果

由此可见，改变电容的值，只改变振荡频率，而不改变响应的性质，电容越小，振荡频率越高。

（4）选择菜单命令"Analysis"下的"Parameter Sweep"项，弹出的对话框如图 8.41(a)所示。选择好要改变的参数 R1，变化范围选 $100\sim1000~\Omega$，扫描方式选线性，增量选 $300~\Omega$，最后选择要分析的节点。单击"Simulate"按钮即可弹出 EWB 计算绘制的瞬态响应曲线，如图 8.41(b)所示。

由此可见，改变电阻的值，改变了响应的性质。

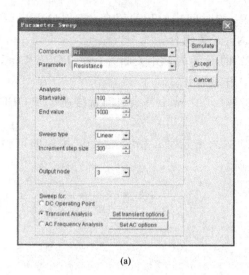

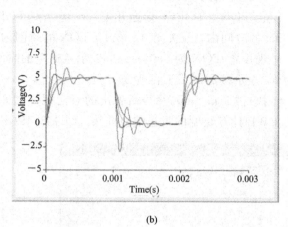

(a) (b)

图 8.41　改变电阻的分析结果

例 14　如图 8.42 所示电路已处于稳态，$t=0$ 时开关 S 由"1"打向"2"，求 $t\geqslant 0$ 时的 $u_C(t)$。

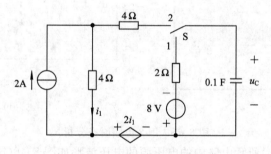

图 8.42　例 2 的电路

解：用 EWB 建立如图 8.43 所示仿真电路，注意选择接地点。延时开关的设置如图 8.44 所示。延时开关有两个控制时间，即闭合时间 TON 和断开时间 TOFF，TON 不能等于 TOFF。

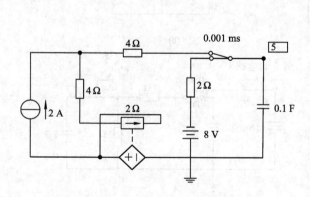

图 8.43　EWB 创建的电路

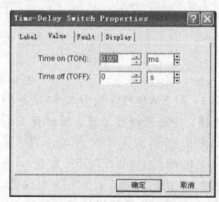

图 8.44　延时开关的设置

若 TON＜TOFF，接通开关，在 $0 \leqslant t \leqslant$ TON 的时间内，开关闭合；在 TON＜$t \leqslant$ TOFF 的时间内，开关断开；在 t＞TOFF 的时间内，开关闭合。

若 TON＞TOFF，接通开关，在 $0 \leqslant t \leqslant$ TOFF 的时间内，开关断开；在 TOFF＜$t \leqslant$ TON 的时间内，开关闭合；在 t＞TON 的时间内，开关断开。

现设置 TON 为 0.001 ms，表示接通 1 的时间是 0.001 ms；其余时间就接通 2，TOFF 为 0，表示接通 2 后不再改变。

执行"Transient"命令后弹出的对话框如图 8.45(a)所示。单击"Simulate"按钮即可弹出 EWB 计算绘制的瞬态响应曲线，如图 8.45(b)所示。

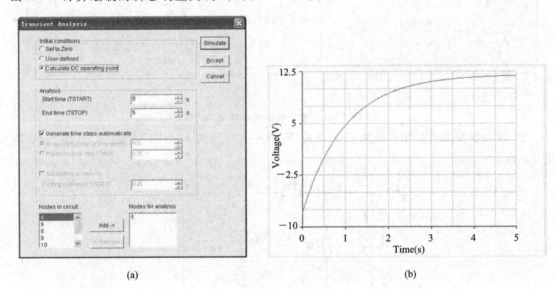

(a)   (b)

图 8.45　例 2 电路瞬态分析

例 15　如图 8.46(a)所示电路中的电压源的电压波形如图 8.46(b)所示，求电压 $u_C(t)$。

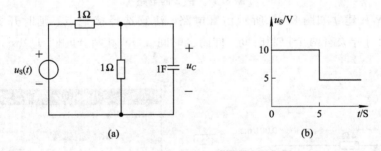

(a)   (b)

图 8.46　例 3 的电路

解 1：用 EWB 建立如图 8.47 所示的仿真电路，注意选择接地点。延时开关的设置如图 8.48 所示。TON 为 0 s，表示接通 5 V 的时间是 0 ms；TOFF 为 5 s，表示接通 10 V 的时间是 5 s。t＞5 s 后闭合，接通 5 V 电源。开关延迟换路的顺序是：0～5 s 接通 10 V，5 s 后接通 5 V。

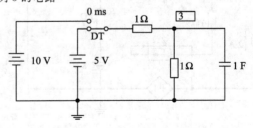

图 8.47　EWB 创建的电路

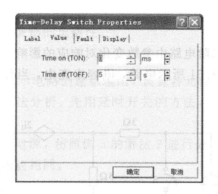

图 8.48　延时开关的设置

执行"Transient"命令可弹出 EWB 计算绘制的瞬态响应图表，如图 8.49 所示。

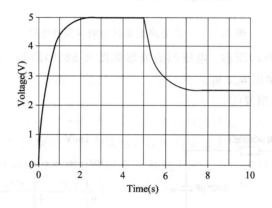

图 8.49　例 3 的瞬态响应

解 2：电压源的波形是分段线性函数，因此电源可用 EWB 的"Piecewise Linear Source"(分段线性电源)，如图 8.50(a)所示。该电源的波形由自建的文本文件 n841.txt 生成，如图 8.50(b)所示。

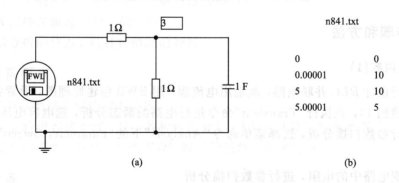

图 8.50　例 15 的电路和电源的输入文件

其中，n841.txt 文件中的第一列表示某个时刻，单位为 s；第二列表示所定义的时刻的电压值，单位为 V。各时间段的电压用该时间段两端时刻电压间的直线描述。

执行"Transient"命令可弹出 EWB 计算绘制的瞬态响应图表，如图 8.49 所示，与解 1 的结果相同。

实验 21　电路的交流分析

一、实验目的

（1）学习创建、编辑 EWB 电路的方法。

（2）掌握 EWB 的交流分析方法。

（3）学会虚拟仪器中使用电压表、电流表和示波器的测量方法。

（4）加深对正弦交流电路分析方法的理解。

二、实验原理与仿真示例

1. RC 移相电路

RC 移相电路如图 8.53(a)所示，当 R 由 $0 \rightarrow \infty$ 时，移相电路输入电压 $\dot{U}_i$ 与输出电压 $\dot{U}_o$ 的移相范围和特点可以用相量图 8.53(b)表示。当 $R \rightarrow 0$ 时，$\dot{U}_o$ 与 $\dot{U}_i$ 趋于同相；当 $R \rightarrow \infty$ 时，$\dot{U}_i$ 比 $\dot{U}_o$ 超前趋于 180°。所以，$\dot{U}_o$ 和 $\dot{U}_i$ 的移相范围是 0～180°，并且 $\dot{U}_i$ 比 $\dot{U}_o$ 超前。另外，输出电压 $\dot{U}_o$ 的幅值为半径，即输出电压 U_o 始终是输入电压 U_i 的一半。

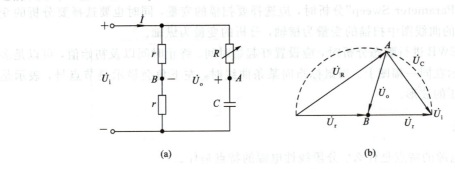

(a)　　　　　　　　　　　　　　　(b)

图 8.53　RC 移相电路

用 EWB 建立如图 8.54(a)所示的仿真电路，选择 B 点为接地点，以便测量 $\dot{U}_o$ 和 $\dot{U}_i$ 的相位差。当 $R=1\ \text{k}\Omega$ 时，各电压表测量如图 8.54(a)所示，可以证明三个电压值是电压三角形的关系。$\dot{U}_o$ 和 $\dot{U}_i$ 的相位差显示结果如图 8.54(b)所示。

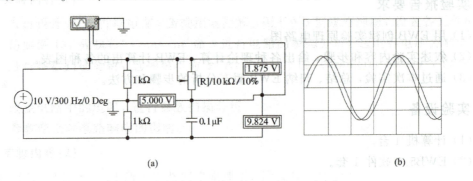

(a)　　　　　　　　　　　　　　　(b)

图 8.54　RC 移相器(可调电阻 $R=1\ \text{k}\Omega$)

当 $R=2.5\ \text{k}\Omega$、$5.3\ \text{k}\Omega$、$9\ \text{k}\Omega$ 时，各电压表测量如图 8.55(a)、(c)、(e)所示，可以证

明三个电压值是电压三角形的关系。$\dot{U}_o$ 和 $\dot{U}_i$ 的相位差显示结果如图 8.55(b)、(d)、(f)所示。

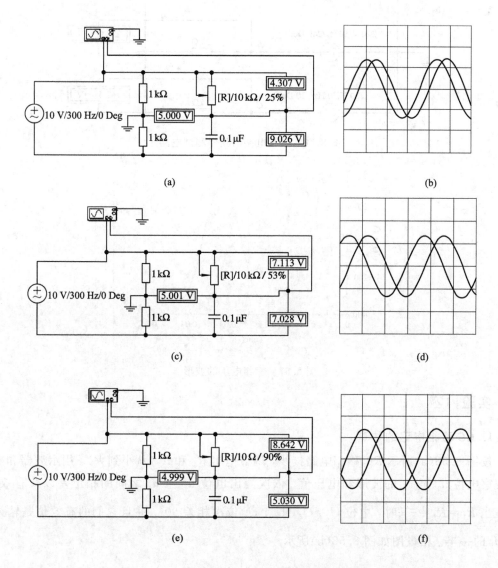

图 8.55　RC 移相器中可调电阻改变时的移相情况

从以上仿真实验可知，当 R 由小变大时，移相电路输入电压 $\dot{U}_i$ 与输出电压 $\dot{U}_o$ 的相位差也增大，并且 $\dot{U}_i$ 比 $\dot{U}_o$ 超前，输出电压 $\dot{U}_o$ 的大小不变，是输入电压 $\dot{U}_i$ 的一半。也可以验证电源电压与电阻 R 的电压和电容 C 的电压是电压三角形的关系。

2. 三相电路的相序测试电路

图 8.56 是相序测试电路，用来判别三相电路中的各相相序。由图可见 B 相阻的电压要高于 C 相电阻的电压，图中电阻若用灯泡代替，则 B 相灯泡要比 C 相灯泡亮得多。由此可判断：若接电容的一相为 A 相，则灯泡较亮的为 B 相，较暗的为 C 相。

三相电压 u_A、u_B、u_C 的波形可用 EWB 的瞬态分析功能画出，如图 8.57 所示。

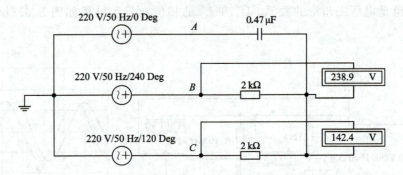

图 8.56　三相电路的相序测试电路

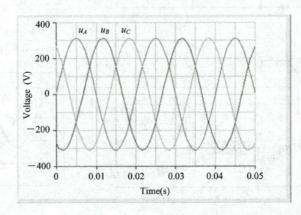

图 8.57　三相电压的波形

三、实验内容

1. RC 移相电路的仿真

按图 8.58(a)所示 RC 移相电路接线，调节电阻 R_1 和 R_2（从小到大），用示波器和电压表观察电位 u_1 至 u_4 的波形和电压值。依次测出电位 u_1 至 u_4 之间的相位差以及有效值。验证当 $R_1 = R_2 = \dfrac{1}{\omega C}$ 时，电位 $\dot{U}_1$、$\dot{U}_2$、$\dot{U}_3$、$\dot{U}_4$ 依次相差 $90°$，并且它们的有效值是输入电压 U_i 的一半。相量图如图 8.58(b)所示。

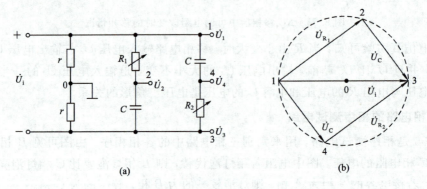

(a)　　　　　　　　　　　　　　　(b)

图 8.58　RC 移相电路

2. 相序测试电路的仿真

三相电路的相序测试电路如图 8.59 所示。当发光二极管不亮时，X、Y、Z 的相序为正序，当发光二极管发亮时，X、Y、Z 的相序为逆序。

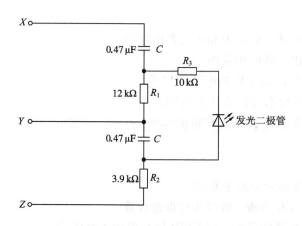

图 8.59　相序测试电路

四、实验步骤和方法

1. 实验内容(1)

(1) 用 EWB 按图 8.57 所示电路创建原理图，根据自行选取的元件参数设置各元件的值。

(2) 用四个电压表分别测量 R_1、R_2 和两个电容 C 上的电压。

(3) 改变电阻 R_1，观测 R_1 和 C 上的电压读数与电源电压，应是电压三角形的关系。

(4) 改变电阻 R_1，使 $R_1 = \dfrac{1}{\omega C}$，用双踪示波器观测 u_1 与 u_2、u_2 与 u_3 的相位关系。

(5) 改变电阻 R_2，观测 R_2 和 C 上的电压读数与电源电压，应是电压三角形的关系。

(6) 改变电阻 R_2，使 $R_2 = \dfrac{1}{\omega C}$，用双踪示波器观测 u_1 与 u_4、u_4 与 u_3 的相位关系。

(7) 用 EWB 的瞬态分析功能，将 u_1 至 u_4 四个电压波形显示出来。

2. 实验内容(2)

(1) 用 EWB 按图 8.59 所示电路创建原理图，设置各元件的值。

(2) 当正序或逆序时，观察发光二极管发光与否。

(3) 用电压表或电流表测量发光二极管支路的电压或电流。

(4) 用理论分析解释图 8.59 所示电路的相序检测功能。

五、实验注意事项

(1) 三相电路中的三相电源，因为 EWB 的交流电源的相位不能是负角度，都用正角度代替，所以，正相序的电压为 $\dot{U}_A = 220\angle 0° \text{ V}$，$\dot{U}_B = 220\angle 240° \text{ V}$，$\dot{U}_C = 220\angle 120° \text{ V}$。

(2) 在分析时，电路中要选择参考点，即接地点，以便用示波器观测相位差。

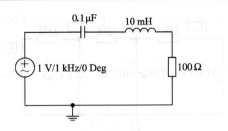

图 8.63　*RLC* 串联谐振电路

解：用 EWB 建立如图 8.63 所示仿真电路。执行"Analysis"中的"AC Frequency"，弹出的对话框如图 8.64 所示。选择好起始频率、终止频率、扫描形式、显示点数、垂直刻度和被分析的节点，单击"Simulate"(仿真)按钮，可得到如图 8.64 所示的幅频特性和相频特性波形。

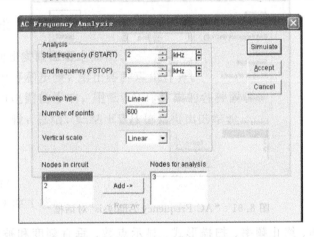

图 8.64　"AC Frequency Analysis"对话框

用图 8.65 中的游标可以找出谐振频率，谐振时输出电压最大为 1，相位为 0，从图中可知 $f_0 = 5.03$ kHz。

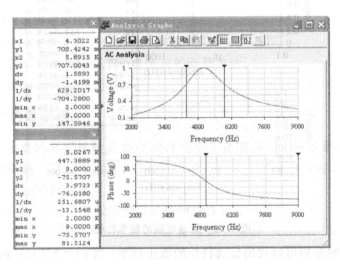

图 8.65　*RLC* 串联电路的频率特性

将两个游标设于 0.707 V 处，可得两个半功率点频率 $f_1 = 4.3022$ kHz，$f_2 = 5.8915$ kHz，通频带为

$$BW = 1.59 \text{ kHz}$$

电路的品质因数为

$$Q = \frac{f_0}{BW} = \frac{5.03}{1.59} = 3.16$$

在 RLC 串联谐振电路中，$Q = \frac{1}{R}\sqrt{\frac{L}{C}}$，$L = 0.01$ H，$C = 0.1$ μF，$R = 10，20，40，80，120$ Ω，则 Q 值为 31.6228，15.8114，7.9057，3.9528，2.6352。所以，改变 R 就改变了 Q 值的大小。用 EWB 的"Parameter Sweep"（参数扫描）分析功能，弹出的对话框如图 8.66 所示。选择好起始频率、终止频率、扫描形式、显示点数、垂直刻度和被分析的节点，单击"Simulate"（仿真）按钮，可得到如图 8.67 所示的幅频特性和相频特性波形。

 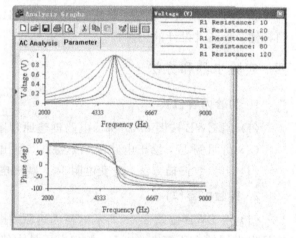

图 8.66　参数扫描对话框　　　　　　图 8.67　R 改变时的频率特性

从图 8.67 中可知，R 越小，Q 越大，频率特性曲线越尖，通频带越窄。

三、实验内容

（1）用 EWB 研究图 8.68 所示的并联谐振电路。

（2）在图 8.69 所示电路中，绘出输出电压的频率特性。选取两组参数：

① $R = 1$ kΩ，$C = 0.1$ μF；② $R = 200$ Ω，$C = 2$ μF。

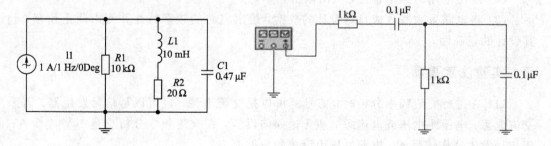

图 8.68　并联谐振电路　　　　　　　　图 8.69　电路图

将得到的幅频曲线和相频曲线与理论值进行比较。

（3）双 T 电路如图 8.70 所示。

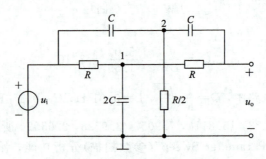

图 8.70　双 T 电路

① 取 $R = 2 \text{ k}\Omega$，$C = 0.01 \text{ }\mu\text{F}$，绘出输出电压的频率特性。

② 设计 RC 双 T 网络：截止频率 $f_\text{c} = 50 \text{ Hz}$，自选电阻、电容。用 EWB 绘制幅频和相频特性，验证其设计的正确性。

四、实验步骤和方法

1. 实验内容（1）

（1）用 EWB 按图 8.67 所示电路创建原理图，设置各元件的值。

（2）仿照例 17，绘出电路的频率特性。测出谐振频率、通频带，并计算 Q 值。

（3）用参数扫描方法，改变电阻 R_1，观测电路频率特性的变化。

2. 实验内容（2）

（1）用 EWB 按图 8.68 所示电路创建原理图，设置各元件的值。为了观测方便，设置信号发生器的电压幅度为 3 V，输出电压最大值就是 1 V。

（2）选第一组数据，绘出电路的频率特性，测出中心频率、通频带。

（3）选第二组数据，绘出电路的频率特性，测出中心频率、通频带。

（4）比较两组数据下的频率特性。

3. 实验内容（3）

（1）用 EWB 按图 8.69 所示电路创建原理图，设置各元件的值（取 $R = 2 \text{ k}\Omega$，$C = 0.01 \text{ }\mu\text{F}$）。

（2）绘出电路的频率特性，测出截止频率。

（3）将电路参数修改成自行设计的数据，绘出电路的频率特性并测出截止频率，验证其设计的正确性。

五、实验注意事项

（1）在进行交流频率分析时，信号源可以是交流电源，也可以是信号发生器。若采用交流电源，电压源电压或电流源电流无论如何设置，在交流频率分析总是 1 V 或 1 A；而用信号发生器作信号源，电源电压由设置的数据而定。

（2）为了使用游标时读取较准确的数据，在"AC Frequency"对话框中"Number of

points"(显示点数)应选大些。

(3) 为了使频率特性曲线能较好地显示，扫描方式有时选"Decade"(10 倍频程)，有时选 Linear(线性频程)。

(4) 用"Parameter Sweep"分析时，应选择要扫描的变量，同时也要选择要分析的变量。Sweep type(扫描类型)有 Decade(10 倍)、Linear(线性)、Octave(2 倍)三种，可根据情况选择。

六、预习要点

(1) EWB 如何绘制电路的频率特性？频率特性数据读取的方法。

(2) 信号源采用交流电源还是信号发生器？它们有什么异同？

(3) EWB 的交流频率分析方法。

(4) 串联、并联谐振电路的特点，RC 带通和带阻网络的特点和理论分析。

(5) 参数扫描功能在交流频率分析中的应用。

七、实验报告要求

(1) 用 EWB 创建的实验原理电路图。

(2) 实验内容和步骤，各种理论计算。

(3) EWB 计算出的各种图表。

(4) 通过本次实验，总结、归纳 EWB 进行频率分析的步骤和方法。

八、实验设备

(1) 计算机 1 台。

(2) EWB5.0 软件 1 套。

第 9 章　　MATLAB 程序设计

本章主要学习用 MATLAB 进行电路的分析计算，涉及 MATLAB 的使用技巧和编程方法，用 MATLAB 的数值计算、符号计算、绘图功能等功能分析电路。特别是本章提供的几个通用分析程序，可以解决大规模复杂电路的分析问题。通过 MATLAB 的分析计算，进一步加深 MATLAB 软件的使用方法，拓宽电路分析的视野，提高学习电路理论的效率。

实验 23　　电阻电路的计算

一、实验目的

（1）学习 MATLAB 命令的使用方法。

（2）掌握电路方程的几种求解方法。

（3）学会根据电路分析的知识编写小段程序。

二、实验原理与计算示例

下面举例说明用 MATLAB 计算电路的方法。

例 1　在图 9.1 所示电路中，已知：$R_1 = 1\ \text{k}\Omega$，$R_2 = 220\ \Omega$，$R_3 = 2\ \text{k}\Omega$，$R_4 = 510\ \Omega$，$R_5 = 1\ \text{k}\Omega$，$R_6 = 2\ \text{k}\Omega$，$U_{S1} = 10\ \text{V}$，$U_{S2} = 12\ \text{V}$，求电路中的电压 U_6 和电流 I_2。

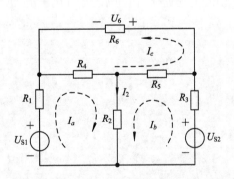

图 9.1　例 1 的电路

解：用网孔分析法，设网孔电流如图中虚线所示。网孔方程为

$$\begin{cases} (R_1 + R_2 + R_4)I_a + R_2 I_b + R_4 I_c = U_{S1} \\ R_2 I_a + (R_2 + R_3 + R_5)I_b - R_5 I_c = U_{S2} \\ R_4 I_a - R_5 I_b + (R_4 + R_5 + R_6)I_c = 0 \end{cases}$$

其矩阵形式为

$$\begin{bmatrix} R_1+R_2+R_4 & R_2 & R_4 \\ R_2 & R_2+R_3+R_5 & -R_5 \\ R_4 & -R_5 & R_4+R_5+R_6 \end{bmatrix} \begin{bmatrix} I_a \\ I_b \\ I_c \end{bmatrix} = \begin{bmatrix} U_{S1} \\ U_{S2} \\ 0 \end{bmatrix}$$

用 MATLAB 编程如下：

```
% T9_1_1.m
format short g
R1=1000;R2=220;R3=2000;R4=510;R5=1000;R6=2000;Us1=10;Us2=12;
R=[R1+R2+R4 R2 R4;R2 R2+R3+R5 -R5;R4 -R5 R4+R5+R6];U=[Us1 Us2 0]';
I=R\U
I2=I(1)+I(2)
U6=R6*I(3)
```

运行程序后显示结果为

```
>> I =
    0.0052821
    0.003431
    0.00021002
I2 =
    0.0087132
U6 =
    0.42003
```

可见，$I_2 = 8.713$ mA，$U_6 = 420$ mV。

例 2　分压器电路，如图 9.2 所示，已知滑动电阻为 1 kΩ，接了 10 kΩ 的负载后，要使 R_L 上的电压为 3 V，求 R_1 和 R_2 的值。

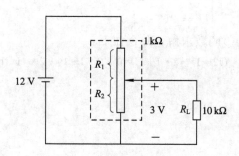

图 9.2　例 2 的电路

解：由分压公式得

$$3 = \frac{R_2 \parallel 10}{R_1 + R_2 \parallel 10} \times 12, \quad R_1 + R_2 = 1$$

用 MATLAB 的 solve() 函数求解，命令如下：

```
>> [R1,R2]=solve('3=R2*10/(R2+10)/(R1+R2*10/(R2+10))*12','R1+R2=1')
R1 =
[ 41/2-1/2*1561^(1/2)]
```

[41/2+1/2 * 1561⁻(1/2)]

R2 =

[−39/2+1/2 * 1561⁻(1/2)]

[−39/2−1/2 * 1561⁻(1/2)]

$\gg$ vpa([R1 R2],5)

ans =

[.745,   .255]

[40.255,   −39.255]

可得 $R_1 = 745\ \Omega$，$R_2 = 255\ \Omega$。

例 3 求如图 9.3 所示电路中的电流 I 和电压 U。

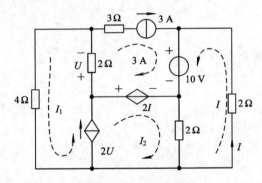

图 9.3 例 3 的电路

解：用网孔分析法，由于有两个电流源，用超网孔方法列网孔方程

$$\begin{cases} 4I_1 - 2(I_2 + I) - 2I + U = 0 \\ 2I + 10 + 2(I + I_2) = 0 \\ I_2 + I_2 = 2U \\ U = 2(3 + I_1) \end{cases}$$

用 MATLAB 的 solve() 函数求解，命令如下：

$\gg$ X=solve('4 * I1−2 * (I2+I)−2 * I+U=0','2 * I+10+2 * (I+I2)=0','I1+I2=2 * U','U= 2 * (3+I1)')；

$\gg$ I=X. I

I =

−9/2

$\gg$ U=X. U

U =

2/3

三、实验内容

(1) 计算如图 9.4 所示电路的电压 U_1、U_2 和 I_3。

(2) 计算如图 9.5 所示电路中电流 I。

(3) 计算如图 9.6 所示电路中电压 U_1、U_2，其中电阻的单位为 Ω。

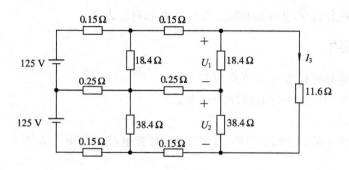

图 9.4　实验电路 1

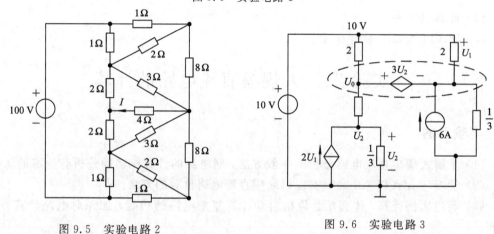

图 9.5　实验电路 2　　　　　　　　　　　图 9.6　实验电路 3

四、实验步骤和方法

（1）先列出电路的网孔方程和节点方程，再检查方程的正确性。

（2）打开编辑文本窗口，仿照例题编写计算程序和命令。

（3）将程序保存，保存时取文件名，注意文件名要字母开头。

（4）运行程序，检查用两种方法计算的结果是否一致。

五、实验注意事项

（1）MATLAB 的文件名要以字母开头，文件名中不得有运算符、专用名称等，但可以有下划线。

（2）用 MATLAB 计算一定要有数学模型，即方程组。解方程的方法有两种，可根据方程的类型选用。比较规则的线性方程组，写成矩阵形式后，用矩阵除法求解。非线性方程组或不规则线性方程组用 solve() 函数求解。

（3）MATLAB 命令后用"；"号时，表示不显示结果；用"，"号时，表示显示结果。

六、预习要点

（1）熟悉 MATLAB 的启动、主要窗口和基本操作方法。

（2）熟悉 MATLAB 的命令、编写程序的方法。

（3）了解 MATLAB 对方程组的两种求解方法。

（4）掌握电路分析中的网孔方程、节点方程的列写方法。

七、实验报告要求

（1）给出电路的网孔方程和节点方程。

（2）给出 MATLAB 编写的程序和命令。

（3）计算结果。

（4）通过本次实验，总结、归纳 MATLAB 计算电路的步骤和方法。

八、实验设备

（1）计算机 1 台。

（2）MATLAB6.5 软件 1 套。

实验 24　　大规模直流电路的计算

一、实验目的

（1）了解大规模直流电路分析的一般方法，对电路的计算机辅助分析有一定的认识。

（2）学习用 MATLAB 编程实现对通用直流电路计算的方法。

（3）通过实例计算，体会用计算机自动计算复杂电路的功能，加深对电路计算方法的理解。

二、实验原理与计算示例

1. 关联矩阵和 KCL、KVL 的矩阵形式

关联矩阵是表示支路与节点关系的矩阵。图 9.7 是电路图，有 6 条支路、4 个节点。

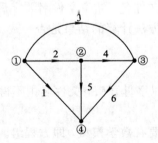

图 9.7　电路与支路与节点关系图

关联矩阵用 $\mathbf{A}_a$ 表示，元素 a_{jk} 定义为

$$a_{jk} = \begin{cases} +1, & \text{支路 } K \text{ 与节点 } j \text{ 关联，方向背向节点} \\ -1, & \text{支路 } K \text{ 与节点 } j \text{ 关联，方向指向节点} \\ 0, & \text{支路 } K \text{ 与节点 } j \text{ 无关联} \end{cases}$$

如图 9.7 的关联矩阵为

$$\begin{array}{c}\text{支路}\quad 1\quad 2\quad 3\quad 4\quad 5\quad 6 \\ \boldsymbol{A}_a = \begin{bmatrix} +1 & +1 & +1 & 0 & 0 & 0 \\ 0 & -1 & 0 & +1 & +1 & 0 \\ 0 & 0 & -1 & -1 & 0 & +1 \\ -1 & 0 & 0 & 0 & -1 & -1 \end{bmatrix}\begin{matrix}1\\2\\3\\4\end{matrix}\left.\vphantom{\begin{matrix}1\\2\\3\\4\end{matrix}}\right\}\text{节点}\end{array}$$

显然，$\boldsymbol{A}_a$ 的行是不独立的，把 $\boldsymbol{A}_a$ 的任意一行去掉得 $\boldsymbol{A}$，$\boldsymbol{A}$ 的行就独立了，则 $\boldsymbol{A}$ 称降阶关联矩阵或关联矩阵。

用 $\boldsymbol{A}$ 表示 KCL、KVL 的矩阵形式。

设 $\boldsymbol{A} = \begin{bmatrix} +1 & +1 & +1 & 0 & 0 & 0 \\ 0 & -1 & 0 & +1 & +1 & 0 \\ 0 & 0 & -1 & -1 & 0 & +1 \end{bmatrix}$，$\boldsymbol{I} = \begin{bmatrix} i_1 \\ i_2 \\ i_3 \\ i_4 \\ i_5 \\ i_6 \end{bmatrix}$，则有 $\boldsymbol{AI} = \begin{bmatrix} i_1+i_2+i_3 \\ -i_2+i_4+i_5 \\ -i_3-i_4+i_6 \end{bmatrix} = \begin{bmatrix} 0 \\ 0 \\ 0 \end{bmatrix}$，

即 $\boldsymbol{AI} = \boldsymbol{0}$，这就是 KCL 矩阵形式。

设支路电压 $\boldsymbol{u} = \begin{bmatrix} u_1 \\ u_2 \\ u_3 \\ u_4 \\ u_5 \\ u_6 \end{bmatrix}$，节点电压 $\boldsymbol{u}_n = \begin{bmatrix} u_{n1} \\ u_{n2} \\ u_{n3} \end{bmatrix}$，则有

$$\boldsymbol{u} = \boldsymbol{A}^{\mathrm{T}}\boldsymbol{u}_n$$

这就是 KVL 矩阵形式，表示支路电压与节点电压的关系。

2. 列表法电路方程的推导

分析大规模电路产生了一些系统化建立电路方程的方法。例如，用复合支路以及关联矩阵的方法，这种方法有一定的局限性。近年发展起来的列表法，对支路类型无限制，适应性强，但方程数较多。下面推导列表方程的矩阵形式。

列表法采用一种新形式的支路方程，首先规定一个元件为一条支路，即

对于电阻支路有　　　　　$U_k = R_k I_k$

对于电导支路有　　　　　$I_k = G_k U_k$

对于 VCVS 支路有　　　　$U_k = \mu_{kj} U_j$

对于 VCCS 支路有　　　　$I_k = g_{kj} U_j$

对于 CCVS 支路有　　　　$U_k = r_{kj} I_j$

对于 CCCS 支路有　　　　$I_k = \beta_{kj} I_j$

对于独立电压源支路有　　$U_k = U_{Sk}$

对于独立电流源支路有　　$I_k = I_{Sk}$

对于整个电路可以写出如下形式的支路方程

$$\boldsymbol{FU} + \boldsymbol{HI} = \boldsymbol{U}_s + \boldsymbol{I}_s$$

```
nb=toplog_ value(i,2);          %定义支路号
kb=toplog_ value(i,5);          %定义控制支路号
nf=toplog_ value(i,3);          %定义起始节点号
nt=toplog_ value(i,4);          %定义终止节点号
nty=toplog_ value(i,1);         %定义元件号
switch nty
    case 0                      %元件为 G
        F(nb,nb)=toplog_ value(i,6);
        H(nb,nb)=-1;
    case 1      %元件为 R
        F(nb,nb)=-1;
        H(nb,nb)=toplog_ value(i,6);
    case 4                      %元件为电压源
        vg(nb)=toplog_ value(i,6);
        F(nb,nb)=1;
        H(nb,nb)=0;
    case 5                      %元件为电流源
        cg(nb)=toplog_ value(i,6);
        F(nb,nb)=0;
        H(nb,nb)=1;
    case 6                      %元件为 CCCS
        H(nb,kb)=-toplog_ value(i,6);
        F(nb,nb)=0;
        H(nb,nb)=1;
    case 7                      %元件为 VCCS
        F(nb,kb)=-toplog_ value(i,6);
        F(nb,nb)=0;
        H(nb,nb)=1;
    case 8                      %元件为 CCVS
        H(nb,kb)=-toplog_ value(i,6);
        F(nb,nb)=1;
        H(nb,nb)=0;
    case 9                      %元件为 VCVS
        F(nb,kb)=-toplog_ value(i,6);
        F(nb,nb)=1;
        H(nb,nb)=0;
end
% 形成关联矩阵
    if nf~=0                    %如果起始节点号不等 0
        a(nf,nb)=1;             %则元件号和起始节点号的关联矩阵为 1
    end
    if nt~=0                    %如果终止节点号不等 0
        a(nt,nb)=-1;           %则终止节点号和起始节点号的关联矩阵为-1
```

```
      end
    end
yn=[zero11,zero12,a;−a′,one22,zero23;zero12′,F,H];    %形成方程的系数矩阵
is=[zeroIS;cg+vg];                                   %形成方程右边的列向量
unb=yn\is;                                           %解方程
disp('节点电压'),un=unb([1:N],1);un′
disp('支路电压'),ub=unb([N+1:M+N],1);ub′
disp('支路电流'),ib=unb([M+N+1:N+2*M],1);ib′
disp('支路功率'),pb=ub.*ib;pb′
```

6. 计算示例

例 4　求图 9.9 电路中的电压和电流(电阻单位为 Ω)。

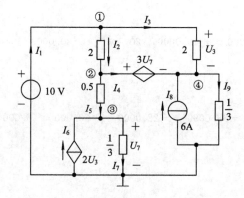

图 9.9　例 4 的电路

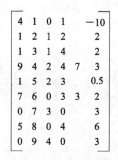

图 9.10　例 4 的拓扑结构和元件值矩阵

解：先给电路各支路、各节点编号。列出电路的拓扑结构和元件值矩阵如图 9.10 所示。注意：该矩阵的第 5 列是专为受控源设计的，是受控源(编号 6、7、8、9)时存放控制支路号，非受控源时为 0。用 MATLAB 计算的程序如下：

```
% 计算图 9.9 电路的计算程序
N=4;M=9;
tv=[4 1 0 1 0 −10
    1 2 1 2 0 2
    1 3 1 4 0 2
    9 4 2 4 7 3
    1 5 2 3 0 0.5
    7 6 0 3 3 2
    0 7 3 0 0 3
    5 8 0 4 0 6
    0 9 4 0 0 3]
dcan(N,M,tv)
```

程序运行后，在命令窗口显示如下：

```
>>T9_2_3
tv =
```

4.0000	1.0000	0	1.0000	0	−10.0000
1.0000	2.0000	1.0000	2.0000	0	2.0000
1.0000	3.0000	1.0000	4.0000	0	2.0000
9.0000	4.0000	2.0000	4.0000	7.0000	3.0000
1.0000	5.0000	2.0000	3.0000	0	0.5000
7.0000	6.0000	0	3.0000	3.0000	2.0000
0	7.0000	3.0000	0	0	3.0000
5.0000	8.0000	0	4.0000	0	6.0000
0	9.0000	4.0000	0	0	3.0000

节点电压

ans =

　　10.0000　　−39.0000　　−20.0000　　21.0000

支路电压

ans =

　　−10.0000　　49.0000　　−11.0000　　−60.0000　　−19.0000　　20.0000　　−20.0000

　　−21.0000　　21.0000

支路电流

ans =

　　19.0000　　24.5000　　−5.5000　　62.5000　　−38.0000　　−22.0000　　−60.0000　　6.0000

63.0000

支路功率

ans =

　　1.0e+003 *

　　−0.1900　　1.2005　　0.0605　　−3.7500　　0.7220　　−0.4400　　1.2000　　−0.1260　　1.3230

三、实验内容

(1) 用通用直流电路分析程序计算图 9.11 的电路(图中电阻的单位为 Ω)。

(2) 用通用直流电路分析程序计算图 9.12 的电路。

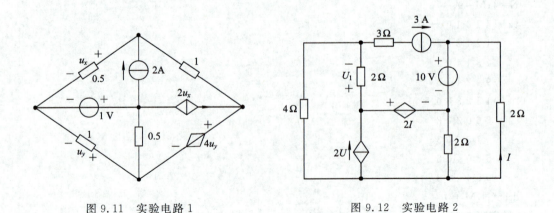

图 9.11　实验电路 1　　　　　　　　　图 9.12　实验电路 2

(3) 用通用直流电路分析程序计算图 9.13 的电路。

(4) 用通用直流电路分析程序计算图 9.14 的电路。

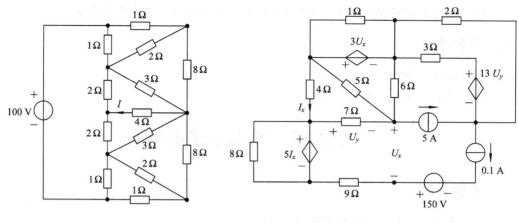

图 9.13　实验电路 3　　　　　　　　　　图 9.14　实验电路 4

四、实验步骤和方法

（1）对给出的电路的支路和节点编号，标出电流的方向，每条支路应采用关联参考方向，并选定参考节点（接地点）。

（2）编写输入数据，根据元件类型的编号，电路的拓扑结构、元件值编写 TOPLOG_VALUE 矩阵，见例 4。该矩阵的第 5 列是专为受控源设计的，是受控源（编号 6、7、8、9）时存放控制支路号，非受控源时为 0。

（3）仿照例 4 的方法，调用计算通用直流电路的函数 dcan 完成对电路的计算。

五、实验注意事项

（1）电路中支路的电压和电流应尽量选用关联参考方向，对于电源，若是选用非关联方向，则电源的元件值则为负值。

（2）MATLAB 的文件名要以字母开头，文件名中不得有运算符、专用名称等，但可以有下划线。

（3）调用计算通用直流电路的程序 dcan.m，应与所编程序在同一文件夹中。

（4）若控制量是一个开路电压，则可以将开路用电导为零的电导元件代替。

六、预习要点

（1）学习有关 MATLAB 的编程方法和基本函数的应用，主要函数有：zeros，eye。

（2）复习有电路理论中关于大规模电路的计算方法。

（3）什么是关联矩阵？什么是 KCL、KVL 的矩阵形式？

（4）列表法的特点是什么？为什么本次形成电路方程的方法称列表节点法？

七、实验报告要求

（1）给出电路的支路、节点的编号，支路电压、电流的方向。

（2）熟悉输入数据矩阵的编写，MATLAB 编写的程序和命令。

（3）计算结果。

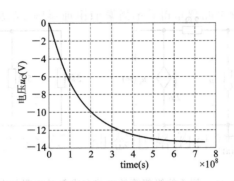

图 9.17　电容电压的时间响应波形

例 6　电路如图 9.18 所示，换路前电路已达稳态，开关 S 在 $t=0$ 时刻接通。试求开关接通后，电压 $u(t)$ 的零输入响应、零状态响应及全响应。

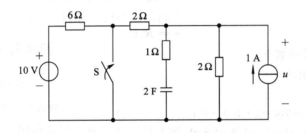

图 9.18　例 6 的电路

解：根据换路定律，用弥尔曼定理，有

$$u_C(0_+) = u_C(0_-) = \frac{10/8+1}{1/8+1/2}$$

全响应的计算
初始值为

$$u(0_+) = \frac{u_C(0_+)/1+1}{1/2+1+1/2}$$

终值为

$$u(\infty) = 1 \text{ V}$$

时间常数为

$$\tau = 2 \times 2 \text{ s}$$

零输入响应，电源为 0 时由初始值引起的响应。零状态响应，令初值 $u_C(0_+)=0$，由输入引起的响应。

用 MATLAB 的计算程序如下：

```
% 计算图 9.18 的电路
format short g
C=2;R=1+1;T=R*C;T_1str=num2str(1/T);
% 求全响应
uc0=(10/8+1)/(1/8+1/2);u0=(uc0+1)/(1/2+1+1/2);        %求初值
uf=1;                                                  %求终值
disp('电压全响应'),
```

```
u＝strcat(num2str(uf),'＋',num2str(u0－uf),'＊exp(－',T_1str,'＊t)')
t＝linspace(0,5＊T,400);
y＝eval([u]);
％ 求零输入响应
uc0＝(10/8＋1)/(1/8＋1/2);u0＝(uc0＋0)/(1/2＋1＋1/2);        ％求初值
uf＝0;                                                   ％求终值
disp('电压零输入响应'),
u＝strcat(num2str(uf),'＋',num2str(u0－uf),'＊exp(－',T_1str,'＊t)')
y1＝eval([u]);
％ 求零状态响应
uc0＝0;u0＝(uc0＋1)/(1/2＋1＋1/2);                         ％求初值
uf＝1;                                                   ％求终值
disp('电压零状态响应'),
uc＝strcat(num2str(uf),num2str(u0－uf),'＊exp(－',T_1str,'＊t)')
y2＝eval([uc]);
plot(t,y,t,y1,':',t,y2,'－－','linewidth',2),grid,
xlabel('time(s)'),ylabel('电压u( V )'),axis([0,5＊T,0,3]),
legend('全响应','零输入响应','零状态响应',0)
```

　运行程序后命令窗口显示结果为

```
>> 电压全响应
u ＝
1＋1.3＊exp(－0.25＊t)
电压零输入响应
u ＝
0＋1.8＊exp(－0.25＊t)
电压零状态响应
uc ＝
1－0.5＊exp(－0.25＊t)
```

　绘制的电压波形如图 9.19 所示。

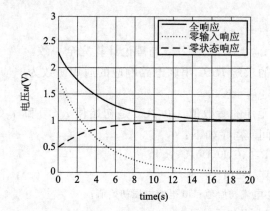

图 9.19　电压的零输入响应、零状态响应和全响应

2. _RLC_ 串联二阶电路的响应

RLC 串联电路如图 9.20 所示。选用 u_C 为变量，微分方程和初始值为

$$
\begin{cases}
LC \dfrac{\mathrm{d}^2 u_C}{\mathrm{d}t^2} + RC \dfrac{\mathrm{d}u_C}{\mathrm{d}t} + u_C = U_s \\[2mm]
u_C(0_+) = U_0 \\[2mm]
\left. \dfrac{\mathrm{d}u_C}{\mathrm{d}t} \right|_{t=0_+} = \dfrac{I_0}{C}
\end{cases}
$$

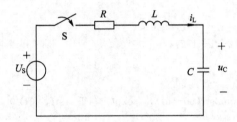

图 9.20   _RLC_ 串联电路

MATLAB 提供了函数 **dsolve** 计算常微分方程的符号解。因为我们要求解微分方程，就需要用一种方法将微分包含在表达式中，所以，**dsolve** 句法与大多数其他函数有一些不同，用字母 **D** 来表示求微分，**D2**、**D3** 等表示重复求微分，并以此来设定方程。任何 **D** 后所跟的字母为因变量。方程 $\mathrm{d}^2 y/\mathrm{d}x^2 = 0$ 用符号表达式 D2y=0 来表示。

如果微分方程和初始条件为

$$
0.125 \frac{\mathrm{d}^2 u_C}{\mathrm{d}t^2} + 0.75 \frac{\mathrm{d}u_C}{\mathrm{d}t} + u_C = 0
$$

$$
u_C(0_+) = 3 \text{ V}
$$

$$
\left. \frac{\mathrm{d}u_C}{\mathrm{d}t} \right|_{t=0_+} = -4
$$

用 MATLAB 求解就十分容易，在命令窗口输入如下内容：

>> u=dsolve('0.125 * D2u+0.75 * Du+u=0','u(0)=3','Du(0)=−4')

u =

−exp(−4 * t)+4 * exp(−2 * t)

即微分方程的解为 $u_C = 4\mathrm{e}^{-2t} - \mathrm{e}^{-4t}$，与理论计算完全一致。

用 MATLAB 编写的求解 _RLC_ 串联电路响应的通用函数为

RLCSAN(R,L,C,I0,U0,Us,ts)

R、L、C 是这三个元件的参数值，I0、U0 是初始值 $i_L(0)$ 和 $u_C(0)$，Us 是输入电源电压，ts 是绘图和终止时间。程序如下：

function y＝RLCSAN(R,L,C,I0,U0,Us,ts)

% RLC 串联电路的计算与绘图

% R,L,C 的值;I0 电感电流初始值;U0 电容电压初始值;

% Us 外加电压源;ts 绘图的终止时间

%

format compact

```
du0＝I0/C;
a＝L＊C;b＝R＊C;
dy＝strcat(num2str(a),'＊D2u＋',num2str(b),'＊Du＋','u＝',num2str(Us));
y0＝strcat('u(0)＝',num2str(U0));dy0＝strcat('Du(0)＝',num2str(du0));
disp('电容电压')
u＝dsolve(dy,y0,dy0),
disp('电感电流')
i＝C＊diff(u)
t＝linspace(0,ts,300);
u_n＝subs(u);i_n＝subs(i);
[AX,H1,H2]＝plotyy(t,u_n,t,i_n,'plot');
set(get(AX(1),'Ylabel'),'String','电容电压 \fontsize{9}\it\bfu_C(V)')
set(get(AX(2),'Ylabel'),'String','电感电流 \fontsize{9}\it\bfi_L(A)')
set(H1,'LineStyle','－','linewidth',2)
set(H2,'LineStyle','－－','linewidth',2)
xlabel('time(s)'),grid
```

例 7　电路如图 9.21 所示，开关打开前已处于稳态，$t＝0$ 开关 S 打开。当 $R＝1\ \Omega$ 时，求 u_C 和 i_L。

解：初始值为

$$i_L(0)＝12\ \text{A}, \quad u_C(0)＝12\ \text{V}$$

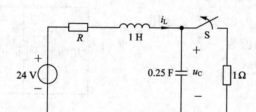

图 9.21　例 7 的电路

调用 RLCSAN() 的程序如下：

```
R＝1;L＝1;C＝0.25;
I0＝12;U0＝12;Us＝24;T＝2＊L/R;
figure(1)
RLCSAN(R,L,C,I0,U0,Us,5＊T)
```

运行程序后命令窗口显示结果为

```
>> 电容电压
u＝
24＋28/5＊15^(1/2)＊exp(－1/2＊t)＊sin(1/2＊15^(1/2)＊t)－12＊exp(－1/2＊t)＊cos(1/2＊15^
(1/2)＊t)
电感电流
i＝
4/5＊15^(1/2)＊exp(－1/2＊t)＊sin(1/2＊15^(1/2)＊t)＋12＊exp(－1/2＊t)＊cos(1/2＊15^(1/2)＊t)
```

整理可得

$$u_C = 24 + (21.69 \sin 1.94t - 12 \cos 1.94t)e^{-0.5t} \, V, \quad t \geqslant 0$$

$$i_L = (3.1 \sin 1.94t + 12 \cos 1.94t)e^{-0.5t} \, A, \quad t \geqslant 0$$

绘制的电压和电流波形如图 9.22 所示。

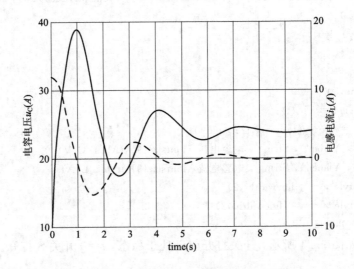

图 9.22　电容电压和电感电流的波形

3. RLC 并联二阶电路的响应

RLC 并联电路如图 9.23 所示。选用 i_L 为变量，微分方程和初始值为

$$\begin{cases} LC \dfrac{d^2 i_L}{dt^2} + GL \dfrac{d i_L}{dt} + i_L = I_s \\ i_L(0_+) = I_0 \\ \dfrac{d i_L}{dt}\Big|_{t=0_+} \quad \dfrac{U_0}{L} \end{cases}$$

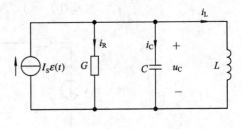

图 9.23　RLC 并联电路

用 MATLAB 编写的求解 RLC 并联电路响应的通用函数为

RLCPAN(R,L,C,I0,U0,Is,ts)

R、L、C 是这三个元件的参数值，I0、U0 是初始值 $i_L(0)$ 和 $u_C(0)$，Is 是输入电流源电流，ts 是绘图和终止时间。程序如下：

```
function y=RLCPAN(R,L,C,I0,U0,Is,ts)
% RLC 并联电路的计算与绘图
% R,L,C 的值;I0 电感电流初始值;U0 电容电压初始值;
% Is 外加电流源;ts 绘图的终止时间
%
dy0=U0/L;
a=L*C;b=L/R;
dy=strcat(num2str(a),'*D2y+',num2str(b),'*Dy+','y=',num2str(Is));
y0=strcat('y(0)=',num2str(I0)),dy0=strcat('Dy(0)=',num2str(dy0)),
format compact
```

```
disp('电感电流')
iL=dsolve(dy,y0,dy0),
disp('电容电压')
uc=L*diff(iL)
t=linspace(0,ts,300);
u_n=subs(uc);i_n=subs(iL);
[AX,H1,H2]=plotyy(t,u_n,t,i_n,'plot');
set(get(AX(1),'Ylabel'),'String','电容电压 \fontsize{9}\it\bfu_C(V)')
set(get(AX(2),'Ylabel'),'String','电感电流 \fontsize{9}\it\bfi_L(A)')
set(H1,'LineStyle','-','linewidth',2)
set(H2,'LineStyle','--','linewidth',2)
xlabel('time(s)'),grid
```

例 8　如图 9.24 所示电路已处于稳态。开关 $t=0$ 时闭合，求电流 i_L 和电压 u_C。

解： 开关合上后，仍然可以化成 RLC 并联电路。电阻为 $R=6\parallel 3=2$ kΩ，电流源合并为 $I_s=6+9/3=9$ mA。

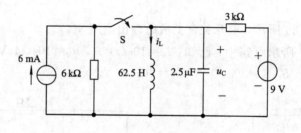

图 9.24　例 8 的电路

初始值

$$u_C(0_+)=u_C(0_-)=0 \text{ V}$$

$$i_L(0_+)=i_L(0_-)=3 \text{ mA}$$

调用 RLCPAN() 的程序如下：

```
R=2000;L=62.5;C=2.5*10^(-6);
I0=3e-3;U0=0;Is=9e-3;
figure(1)
RLCPAN(R,L,C,I0,U0,Is,0.12)
```

运行程序后命令窗口显示结果为

```
>> 电感电流
iL =
9/1000-1/125*exp(-40*t)+1/500*exp(-160*t)
电容电压
uc =
20*exp(-40*t)-20*exp(-160*t)
```

绘制的电压和电流波形如图 9.25 所示。

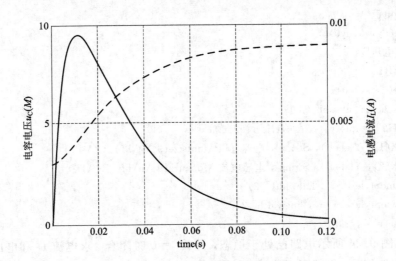

图 9.25　电容电压和电感电流的波形

三、实验内容

（1）电路如图 9.26 所示，求开关合上后的输出电压 u_o。

（2）在如图 9.27 所示电路中，已知：$i_S = 10\varepsilon(t)$ A，$u_S = 10\varepsilon(t)$ V，$u_C(0_-) = -1$ V，求 u_C。若 $u_C(0_-) = 6$ V，$i_S = 20\varepsilon(t)$ A，$u_S = 20\varepsilon(t)$ V，求 u_C。

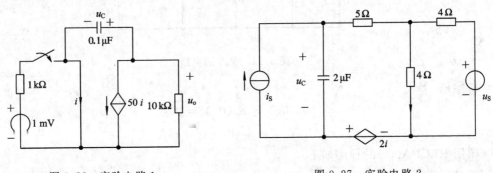

图 9.26　实验电路 1　　　　　　　　　　图 9.27　实验电路 2

（3）电路如图 9.28 所示电路，电感初始储能为 0，当开关 $t = 0$ 时闭合，求电流 i_L 和电压 u_o。

（4）电路如图 9.29 所示，求电容电压的阶跃响应 $g(t)$，第一个上冲发生在什么时刻，此时 u_C 是多少？

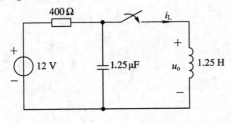
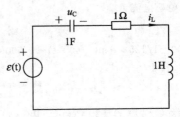

图 9.28　实验电路 3　　　　　　　　　　图 9.29　实验电路 4

四、实验步骤和方法

（1）对一阶电路，先列出计算电路的数学模型，如初始值、终值和时间常数的计算公式等，检查公式的正确性。

（2）打开编辑文本窗口，仿照例题编写计算程序和命令。

（3）将程序保存，保存时取文件名，注意文件名要字母开头。

（4）运行程序，检查计算结果是否正确。

五、实验注意事项

（1）调用计算 RLC 串联电路函数 RLCSAN. m 和 RLC 并联电路函数 RLCPAN. m，应与所编程序在同一文件夹中。

（2）用 MATLAB 计算一定要有数学模型，数学模型来自于电路分析基础课程中学习的若干分析方法，一个题目可以有不同的方法，但最终结果是一致的。

（3）MATLAB 的绘波形图时，本实验例题采用了两种方法，一种是单纵坐标 plot()，另一种是双纵坐标 plotyy()，学习时参考有关说明。

六、预习要点

（1）熟悉 MATLAB 的编写函数的方法，绘制波形图的方法。

（2）掌握一阶电路的三要素法。

（3）掌握二阶电路微分方程的建立、求解方法。

（4）掌握 MATLAB 求解微分方程的方法。

七、实验报告要求

（1）对一阶电路列出数学模型，对二阶电路则调用函数计算的过程。

（2）给出 MATLAB 编写的程序和命令。

（3）计算结果，绘制的各种电压和电流的波形。

（4）通过本次实验，总结、归纳 MATLAB 计算动态电路的步骤和方法。

八、实验设备

（1）计算机 1 台。

（2）MATLAB6.5 软件 1 套。

实验 26　正弦稳态电路的计算

一、实验目的

（1）学习 MATLAB 的复数计算方法。

（2）掌握正弦稳态电路的几种常用求解方法。

（3）学会根据电路分析的知识编写小段程序。

二、实验原理与计算示例

下面举例说明用 MATLAB 计算电路的方法。

例 9　在如图 9.30 所示电路中，已知 $U=8$ V，$Z=1-j0.5$ Ω，$Z_1=1+j1$ Ω，$Z_2=3-j1$ Ω，求电流 $\dot{I}$、$\dot{I}_1$ 和 $\dot{I}_2$，并画出相量图。

解：电路总阻抗

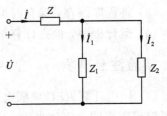

$$Z_i = Z + Z_1 \parallel Z_2$$

设 $\dot{U}=8\angle0°$ V，则

$$\dot{I} = \frac{\dot{U}}{Z_i}$$

$$\dot{I}_1 = \frac{Z_2}{Z_1 + Z_2}\dot{I}$$

$$\dot{I}_2 = \dot{I} - \dot{I}_1$$

图 9.30　例 9 的电路

用 MATLAB 的计算程序如下：

```
Z=1−j*0.5;Z1=1+j;Z2=3−j;U=8;
Zi=Z+(Z1*Z2)/(Z1+Z2);
I=U/Zi;I1=Z2/(Z1+Z2)*I;I2=I−I1;
disp('   I    I1    I2')
disp('幅值');disp(abs([I,I1,I2]))
disp('相角');disp(angle([I,I1,I2])*180/pi)
ha=compass([I,I1,I2]);set(ha,'linewidth',2)
```

计算结果显示在命令窗口：

```
>>    I     I1    I2
幅值
    4.0000    3.1623    1.4142
相角
    0    −18.4349    45.0000
```

相量图如图 9.31 所示。

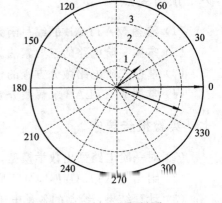

图 9.31　例 9 的相量图

例 10　电路如图 9.32 所示中，已知：$\dot{U}_{S1}=\dot{U}_{S2}=50\angle0°$ V，求电流 $\dot{I}$。

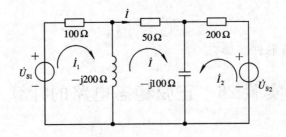

图 9.32　例 10 的电路

解：用网孔法列网孔方程，设网孔电流如图所示。

$$(100 + j200)\dot{I}_1 - j200\dot{I} = 50$$

$$-j200\dot{I}_1 + (50 + j200 - j100)\dot{I} - j100\dot{I}_2 = 0$$

$$-j100\dot{I} + (200 - j100)\dot{I}_2 = 50$$

用 MATLAB 编程计算如下：

```
Z=[100+j*200 -j*200 0;-j*200 50+j*100 -j*100;0 -j*100 200-j*100];
Us=[50 0 50];
I=Z\Us'
disp('幅值');disp(abs(I))
disp('相角');disp(angle(I)*180/pi)
```

程序运行的结果为

```
>> I =
    0.0869 + 0.0557i
    0.1148 + 0.2623i
    0.0721 + 0.0934i
幅值
    0.1032
    0.2863
    0.1180
相角
    32.6806
    66.3706
    52.3344
```

所以，电路中的电流 $\dot{I} = 0.2863\angle 66.37°$ A。

例 11　有一感性负载，其额定电压为 220 V，$f = 50$ Hz，有功功率为 10 kW，$\cos\varphi = 0.6$。现用并联电容的方法提高功率因数。用 MATLAB 绘制功率因数与并联电容的关系曲线、总电流与功率因数的关系曲线。分析并联电容的变化对电路功率因数的影响。

解：首先要找出功率因数与并联电容的数学关系，根据功率三角形，并联电容后电路的功率因数为

$$\cos\varphi = \frac{P}{S} = \frac{P}{\sqrt{P^2 + (P\tan\varphi_1 - \omega C U^2)^2}}$$

总电流与功率因数的关系为

$$I = \frac{P}{U\cos\varphi}$$

通过 MATLAB 编程如下：

```
% 研究总电流和并联电容对功率因数的影响
P=10^4;U=220;a=acos(0.6);w=314;
c=linspace(0,1000,500);                      %并联电容取值
y=P./sqrt(P^2+(P.*tan(a)-w.*U^2.*c.*10^(-6)).^2);%功率因数与C的关系
figure(1)
plot(c,y,'linewidth',2)                      %画波形
axis([0,1000,0.59,1.01])                     %设置坐标范围
set(gca,'Ytick',[0.6,0.85,0.9,0.95,1])       %设置纵坐标网格
c1=POFA(P,U,50,0.6,0.85);                     %功率因数提高到 0.85 时的 C 值
c2=POFA(P,U,50,0.6,0.9);                      %功率因数提高到 0.9 时的 C 值
```

```
c3＝POFA(P,U,50,0.6,0.95);                    ％功率因数提高到 0.95 时的 C 值
c4＝POFA(P,U,50,0.6,1);                       ％功率因数提高到 1 时的 C 值
set(gca,'Xtick',[0,round(c1),round(c2),round(c3),round(c4)]);grid on
title('功率因数与电容值的关系')
xlabel('电容 C(微法)'),ylabel('功率因数 cos\phi')
figure(2)
pf=0.6:0.01:1;                                ％功率因数取值
I=P./(U.*pf);                                 ％总电流与功率因数的关系
I0=P./(U.*0.6);I1=P./(U.*0.8);I2=P./(U.*0.85);
I3=P./(U.*0.9);I4=P./(U.*0.95);I5=P./U;
plot(pf,I,'linewidth',2)
set(gca,'Ytick',[I5,I4,I3,I2,I1,I0])
set(gca,'Xtick',[0.6,0.7,0.8,0.85,0.9,0.95,1]),grid
title('总电流与功率因数的关系')
ylabel('电流(安)'),xlabel('功率因数 cos\phi')
```

其中，POFA()是计算提高功率因数所需的电容值的函数，如下所示：

```
function C＝POFA(P,U,f,pf1,pf)
％ P 负载的有功功率,U 电源电压,f 电源的频率
％ pf1 原感性负载的功率因数,pf 并联电容后的功率因数
％ 计算出的电容单位为微法
a1=acos(pf1);a=acos(pf);
C=P*(tan(a1)-tan(a))/(2*pi*f*U^2)*10^6
```

运行程序后画出的两个曲线图，如图 9.33 和图 9.34 所示。

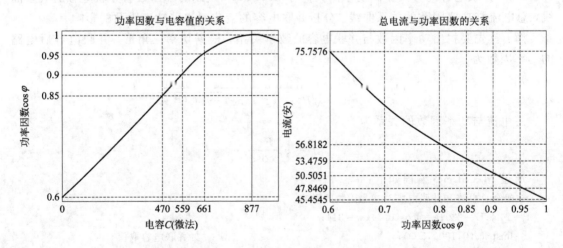

图 9.33   功率因数与电容的关系曲线   图 9.34   总电流与功率因数的关系曲线

由图 9.33 所示的功率因数 $\cos\varphi$ 与电容 C 的关系曲线可知，功率因数从 0.6 提高到 0.85、0.9、0.95 和 1，所需要并联的电容值为 470 μF、559 μF、661 μF 和 877 μF。

由图 9.34 所示的总电流 I 与功率因数 $\cos\varphi$ 的关系曲线可知，功率因数从 0.6 提高到 0.85、0.9、0.95 和 1，总电流分别为 53.48 A、50.51 A、47.85 A 和 45.46 A。

从两个图上可看出，$\cos\varphi$ 由 0.9 到 1，曲线变化越来越慢，这意味着电容值变化较多，

电流变化少。具体数据为，功率因数从 0.9 提高到 1，并联的电容从 559 μF 增加到 877 μF，电容增加 57%，而电流由 50.51 A 下降到 45.46 A，电流下降 10%。因此在工程实际中，并不要求用户将功率因数提高到 1，因为这样做将大大增加电容设备的投资，带来的经济效果却并不显著。一般情况下，供电部门要求用户将功率因数调整在 0.9 左右。

三、实验内容

（1）在如图 9.35 所示电路中，已知电源 $\dot{U} = 10\angle 0°$ V，$\omega = 2000$ rad/s，求电流 $\dot{I}$、$\dot{I}_1$ 和 $\dot{I}_2$，并画出相量图。

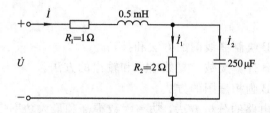

图 9.35　实验电路 1

（2）用节点法和戴维南定理计算图 9.32 所示电路中的电流 $\dot{I}$。

（3）用 MATLAB 的绘图功能研究最大功率传输问题。

电路如图 9.36 所示。电源电压有效值为 15 V，频率 $f = 800$ Hz，电阻 R_1 和 R_2 选 1 kΩ 左右，电感元件 $L = 30$ mH，分别画出以下关系曲线：

① 选定 R_L，最大功率与负载电容 C 的关系曲线，即 $P_{Lmax} = f(C)$，找出最大功率时的电容 C 的值。

② 由①选定的 C，最大功率与负载电阻 R_L 的关系曲线，即 $P_{Lmax} = f(R_L)$，找出最大功率时的电阻值。

③ 电路中无负载电容时，最大功率与负载电阻 R_L 的关系曲线，即 $P_{Lmax} = f(R_L)$，找出最大功率时的电阻值。

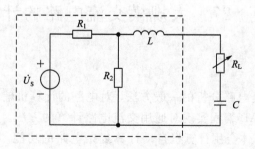

图 9.36　实验电路 3

四、实验步骤和方法

（1）首先在清楚电路分析原理的基础上，学习例题的编程方法。

（2）先列出电路的数学模型，检查方程和各种关系式的正确性。

（3）打开编辑文本窗口，仿照例题编写计算程序和命令。

（4）调试程序，检查计算结果与理论分析是否一致。

五、实验注意事项

（1）MATLAB 的复数计算与实数计算是一样的，但复数有两种表示形式，即代数式和模角式。计算结果显示的是代数式，如需要转换成幅值和相角，就要用取模的 abs() 函数和取角度的 angle() 函数，要注意的是 angle() 函数用弧度表示角度。

（2）在输入复数时可以用代数式，也可以用模角式，如 $Z_1 = 6 \angle -30°$，用 MATLAB 表示为 $Z_1 = 6 * \exp(-j * 30 * pi/180)$。

（3）用 MATLAB 绘图时，图中的网格可以自行确定，具体设置方法见例 3。

六、预习要点

（1）掌握 MATLAB 绘制曲线图的方法和技巧。

（2）熟悉 MATLAB 计算复数及复数输入和输出的方法。

（3）掌握 MATLAB 画相量图的方法。

（4）了解正弦稳态电路的分析方法，功率因数提高和最大功率传输的知识。

七、实验报告要求

（1）熟悉解决电路问题的数学模型。

（2）给出 MATLAB 编写的程序和命令。

（3）计算结果和给出曲线图。

（4）通过本次实验，总结、归纳 MATLAB 计算电路的步骤和方法。

八、实验设备

（1）计算机 1 台。

（2）MATLAB6.5 软件 1 套。

实验 27　大规模交流电路的计算

一、实验目的

（1）了解大规模交流电路分析的一般方法，对电路的计算机辅助分析有一定的认识。

（2）学习用 MATLAB 编程实现对通用交流电路计算的方法。

（3）通过实例计算，体会用计算机自动计算复杂电路的功能，加深对电路计算方法的理解。

二、实验原理与计算示例

1. 列表法电路方程的推导

交流分析程序与直流分析程序的形成电路方程的方法基本相同，只是元件类型多一些。在直流原有元件的基础上，增加了电感、电容、互感、理想变压器元件。这里仍采用近年发展起来的列表法，它对支路类型无限制，适应性强，但方程较多。下面推导列表方程的矩阵形式。

列表法采用一种新形式的支路方程，首先规定一个元件为一条支路，即

对于电阻或电感支路有 $\dot{U}_k = R_k \dot{I}_k$ 或 $\dot{U}_k = j\omega L_k \dot{I}_k$；

对于电导或电容支路有 $\dot{I}_k = G_k \dot{U}_k$ 或 $\dot{I}_k = j\omega C_k \dot{U}_k$；

对于 VCVS 支路有 $\dot{U}_k = \mu_{kj} \dot{U}_j$；

对于 VCCS 支路有 $\dot{I}_k = g_{kj} \dot{U}_j$；

对于 CCVS 支路有 $\dot{U}_k = r_{kj} \dot{I}_j$；

对于 CCCS 支路有 $\dot{I}_k = \beta_{kj} \dot{I}_j$；

对于独立电压源支路有 $\dot{U}_k = \dot{U}_{Sk}$；

对于独立电流源支路有 $\dot{I}_k = \dot{I}_{Sk}$。

对于整个电路可以写出如下形式的支路方程

$$\boldsymbol{F}\dot{\boldsymbol{U}} + \boldsymbol{H}\dot{\boldsymbol{I}} = \boldsymbol{U}_s + \dot{\boldsymbol{I}}_s$$

其中，$\dot{\boldsymbol{U}} = [\dot{U}_1 \quad \dot{U}_2 \quad \cdots \quad \dot{U}_b]^\mathrm{T}$，$\dot{\boldsymbol{I}} = [\dot{I}_1 \quad \dot{I}_2 \quad \cdots \quad \dot{I}_b]^\mathrm{T}$ 分别为待求的支路电压和支路电流列向量；$\boldsymbol{F}$ 和 $\boldsymbol{H}$ 均为 b 阶方阵，$\boldsymbol{U}_s$ 和 $\boldsymbol{I}_s$ 分别为 b 阶电压源列向量和电流源列向量。下面分几种情况讨论。

· 电路中无受控源时，$\boldsymbol{F}$、$\boldsymbol{H}$ 都是对角阵，它们的元素为

对于电导或电容支路有 $F_{kk} = G_k$ 或 $j\omega C_k$，$H_{kk} = -1$；

对于电阻或电感支路有 $F_{kk} = -1$，$H_{kk} = R_k$ 或 $j\omega L_k$。

· 电路中有 VCVS 和 VCCS 时，$\boldsymbol{F}$ 是非对角阵，$\boldsymbol{H}$ 仍是对角阵，它们的元素为

对于 VCVS 支路有 $F_{kk} = +1$，$FH_{kj} = -\mu_{kj}$，$H_{kk} = 0$；

对于 VCCS 支路有 $F_{kk} = 0$，$F_{kj} = -g_{kj}$，$H_{kk} = +1$。

· 电路中有 CCVS 和 CCCS 时，$\boldsymbol{F}$ 是对角阵，$\boldsymbol{H}$ 仍是非对角阵，它们的元素为

对于 CCVS 支路有 $F_{kk} = +1$，$H_{kj} = -r_{kj}$，$H_{kk} = 0$；

对于 CCCS 支路有 $F_{kk} = 0$，$H_{kj} = -\beta_{kj}$，$H_{kk} = +1$。

· 电路中有独立电压源支路时，$F_{kk} = +1$，$H_{kk} = 0$；

· 电路中有独立电流源支路时，$F_{kk} = 0$，$H_{kk} = +1$。

· 电路中有互感时，因为 $\dot{U}_k = j\omega L_k \dot{I}_k \pm j\omega M \dot{I}_j$，$\dot{U}_j = j\omega L_j \dot{I}_j \pm j\omega M \dot{I}_k$，所以有

$$F_{kk} = +1, \quad H_{kk} = -j\omega L_k, \quad H_{kj} = \mp j\omega M$$
$$F_{jj} = +1, \quad H_{jj} = -j\omega L_j, \quad H_{jk} = \mp j\omega M$$

· 电路中有理想变压器时，设理想变压器如图 9.37 所示。因为 $\dot{U}_k = n\dot{U}_j$，$\dot{I}_j = -n\dot{I}_k$，所以有

$$F_{kk} = +1, \quad F_{kj} = -n, \quad H_{kk} = 0$$
$$F_{jj} = 0, \quad H_{jj} = +1, \quad H_{jk} = n$$

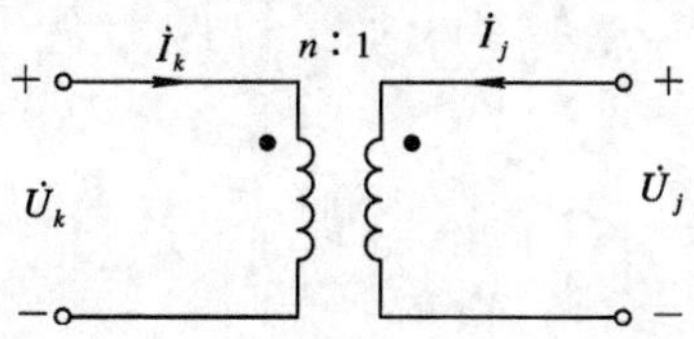

图 9.37   理想变压器

设节点电压 $\dot{U}_n$ 也为待求量，用关联矩阵 A 表示的 KCL、KVL 以及支路方程如下：

KCL：$\qquad\qquad\qquad\qquad AI=0$

KVL：$\qquad\qquad\qquad\qquad \dot{U}-A^t\dot{U}_n=0$

支路方程：$\qquad\qquad\qquad F\dot{U}+H\dot{I}=\dot{U}_s+\dot{I}_s$

将这三个方程合在一起，便得到节点列表方程矩阵形式：

$$\begin{bmatrix} 0 & 0 & A \\ -A^T & 1_b & 0 \\ 0 & F & H \end{bmatrix}\begin{bmatrix} \dot{U}_n \\ \dot{U} \\ \dot{I} \end{bmatrix}=\begin{bmatrix} 0 \\ 0 \\ \dot{U}_s+\dot{I}_s \end{bmatrix}$$

式中 1_b 为 b 阶的单位矩阵。由于 A 为 $(n-1)\times b$ 矩阵，F 和 H 均为 b 阶方阵，故方程总数为 $(2b+n-1)$ 个。

2. 输入数据结构与元件编号

（1）输入数据结构：

TOPLOG（电路的拓扑结构及元件值）及 VALUE（元件值矩阵）

元件顺序	元件类型	支路号数	始节点号数	终节点号数	控制支路	互感系数	元件（控制数值 系数）
1	*	*	*	*	*	*	*
2	*	*	*	*	*	*	*
3	*	*	*	*	*	*	*
⋮	⋮	⋮	⋮	⋮	⋮	⋮	⋮
L	*	*	*	*	*	*	*

（2）元件编号。为了使计算机识别电路的元件类型，必须给每一个元件编号。0 代表 G，1 代表 R，2 代表电容，3 代表电感，4 代表电压源，5 代表电流源，6 代表 CCCS，7 代表 VCCS，8 代表 CCVS，9 代表 VCVS，10 代表理想变压器，11 代表互感。

3. 程序实现的流程图

程序流程图与直流分析程序相类，只是元件类型多一些。

4. 计算程序

```
function acan(N,M,toplog,value,isZY,w)
% 这是一个计算交流电路的通用程序
% N 表示节点数,M 表示支路数,toplog 表示输入拓扑矩阵,value 表示元件值矩阵
% 电路给出阻抗时 isZY=1,给出电感量或电容量时,isZY=0,w 为角频率
% 形成电路的方法为列表节点法
zero11=zeros(N)
zero12=zeros(N,M)
zero23=zeros(M)
zeroIS=zeros(N+M,1)
one22=eye(M)
F=zeros(M);
H=zeros(M);
vg=zeros(M,1);
```

```
cg=zeros(M,1);
for i=1:M
    nb=toplog(i,2);
    kb=toplog(i,5);
    nf=toplog(i,3);
    nt=toplog(i,4);
    nty=toplog(i,1);
    if isZY==1
        xc=value(i);
        xl=value(i);
        if nty==11
            xm=toplog(i,6);
        end
    else
        xl=w * value(i);
        xc=1/(w * value(i));
        if nty==11
            xm=toplog(i,6) * w;
        end
    end
    switch nty
        case 0
            F(nb,nb)=value(i);
            H(nb,nb)=-1
        case 1
            F(nb,nb)=-1;
            H(nb,nb)=value(i);
        case 2
            F(nb,nb)=-1;
            H(nb,nb)=-j * xc;
        case 3
            F(nb,nb)=-1;
            H(nb,nb)=j * xl;
        case 4
            vg(nb)=value(i);
            F(nb,nb)=1;
            H(nb,nb)=0;
        case 5
            cg(nb)=value(i);
            F(nb,nb)=0;
            H(nb,nb)=1;
        case 6
            H(nb,kb)=-value(i);
```

```
            F(nb,nb)=0;
            H(nb,nb)=1;
        case 7
          F(nb,kb)=-value(i);
          F(nb,nb)=0;
          H(nb,nb)=1;
        case 8
          H(nb,kb)=-value(i);
          F(nb,nb)=1;
          H(nb,nb)=0;
        case 9
          F(nb,kb)=-value(i);
          F(nb,nb)=1;
          H(nb,nb)=0;
        case 10
        if value(i)~=1
            F(nb,kb)=-value(i);
            F(nb,nb)=1;
            H(nb,nb)=0;
            F(kb,kb)=0;
            H(kb,kb)=1;
            H(kb,nb)=value(i);
        end
        case 11
          F(nb,nb)=-1;
          H(nb,nb)=j*xl;
          H(nb,kb)=j*xm;
    end
% 建立电路的关联矩阵
    if nf~=0
       a(nf,nb)=1;
    end
    if nt~=0
       a(nt,nb)=-1;
    end
end
yn=[zero11,zero12,a;-a',one22,zero23;zero12',F,H];
is=[zeroIS;cg+vg];
unb=yn\is;
un=unb([1:N],1);
un1=[abs(un),angle(un)*180/pi];
ub=unb([N+1:M+N],1);
ub1=[abs(ub),angle(ub)*180/pi];
```

```
ib=unb([M+N+1:N+2*M],1);
ib1=[abs(ib),angle(ib)*180/pi];
pb=ub.*conj(ib);
pb1=[real(pb),imag(pb)];
nh=1:N;
bh=1:M;
disp('节点电压 编号 幅值 角度')
un_disp=[nh',un1]
disp('支路电压 编号 幅值 角度')
ub_disp=[bh',ub1]
disp('支路电流 编号 幅值 角度')
ib_disp=[bh',ib1]
disp('支路功率 编号 有功 无功')
pb_disp=[bh',pb1]
```

5. 计算示例

例 12 已知：线电压 $\dot{U}_{AB}=380\angle0°$ V，$\dot{U}_{CA}=380\angle120°$ V，$R=\omega L=\dfrac{1}{\omega C}=100$ Ω，$R_1=300$ Ω，$R_0=200$ Ω。求图 9.38 三相电路中的电压、电流和功率。

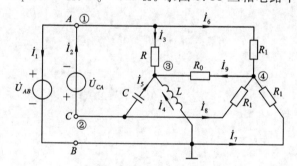

$$
\begin{bmatrix}
4 & 1 & 1 & 0 & 0 & 0 \\
4 & 2 & 2 & 1 & 0 & 0 \\
1 & 3 & 1 & 3 & 0 & 0 \\
3 & 4 & 0 & 3 & 0 & 0 \\
2 & 5 & 2 & 3 & 0 & 0 \\
1 & 6 & 1 & 4 & 0 & 0 \\
1 & 7 & 0 & 4 & 0 & 0 \\
1 & 8 & 2 & 4 & 0 & 0 \\
1 & 9 & 4 & 3 & 0 & 0
\end{bmatrix}
\quad
\begin{bmatrix}
380 \\
380\angle120 \\
100 \\
100 \\
100 \\
300 \\
300 \\
300 \\
200
\end{bmatrix}
$$

图 9.38　例 12 的电路　　　　　　图 9.39　例 12 的拓扑结构和元件值矩阵

解：先给电路各支路编号、各节点编号，列出电路的拓扑结构和元件值矩阵如图 9.39 所示。用 MATLAB 计算的程序如下：

```
top=[4 1 1 0 0 0
     4 2 2 1 0 0
     1 3 1 3 0 0
     3 4 0 3 0 0
     2 5 2 3 0 0
     1 6 1 4 0 0
     1 7 0 4 0 0
     1 8 2 4 0 0
     1 9 4 3 0 0];
val=[380 380*exp(j*120*pi/180) 100 100 100 300 300 300 200];
ACAN(4,9,top,val,1,0)
```

程序运行后，在命令窗口显示如下：

>> 节点电压 编号 幅值 角度

un_ disp =

1.0000	380.0000	0
2.0000	380.0000	60.0000
3.0000	190.3044	63.2409
4.0000	202.3277	39.8961

支路电压 编号 幅值 角度

ub_ disp =

1.0000	380.0000	0
2.0000	380.0000	120.0000
3.0000	339.8483	−30.0000
4.0000	190.3044	−116.7591
5.0000	190.3044	56.7591
6.0000	259.5448	−30.0000
7.0000	202.3277	−140.1039
8.0000	202.3277	80.1039
9.0000	80.3034	−30.0000

支路电流 编号 幅值 角度

ib_ disp =

1.0000	2.2569	169.1651
2.0000	2.2569	−49.1651
3.0000	3.3985	−30.0000
4.0000	1.9030	153.2409
5.0000	1.9030	146.7591
6.0000	0.8651	−30.0000
7.0000	0.6744	−140.1039
8.0000	0.6744	80.1039
9.0000	0.4015	−30.0000

支路功率 编号 有功 无功

pb_ disp =

1.0e+003 *

0.0010	−0.8423	−0.1612
0.0020	−0.8423	0.1612
0.0030	1.1550	0
0.0040	0	0.3622
0.0050	−0.0000	−0.3622
0.0060	0.2245	0
0.0070	0.1365	0
0.0080	0.1365	0.0000
0.0090	0.0322	0.0000

例 13 求图 9.40 电路中的电压和电流。

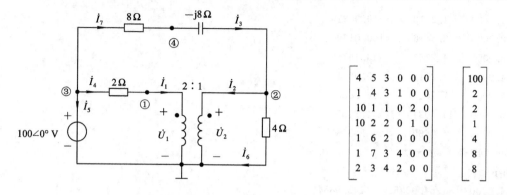

图 9.40　例 13 的电路　　　　　　　图 9.41　例 13 的拓扑结构和元件值矩阵

　　解：先给电路各支路编号、各节点编号。列出电路的拓扑结构和元件值矩阵如图 9.41 所示。注意：该矩阵的第 5 列是专为受控源和理想变压器设计的，若是受控源(编号 6、7、8、9)时则存放控制支路号，若是非受控源时则为 0，若是理想变压器时，则存放另一线圈所在支路号。用 MATLAB 计算的程序如下：

```
top=[4 5 3 0 0 0
     1 4 3 1 0 0
     10 1 1 0 2 0
     10 2 2 0 1 0
     1 6 2 0 0 0
     1 7 3 4 0 0
     2 3 4 2 0 0];
val=[100 2 2 1 4 8 8];
acan(4,7,top,val,1,0)
```

　　程序运行后，在命令窗口显示如下：

```
>> 节点电压 编号 幅值 角度
un_disp =
    1.0000    92.0171      1.8183
    2.0000    46.0086      1.8183
    3.0000   100.0000          0
    4.0000    76.8922    -19.9831
支路电压 编号 幅值 角度
ub_disp =
    1.0000    92.0171      1.8183
    2.0000    46.0086      1.8183
    3.0000    38.2080    -46.5482
    4.0000     8.5436    -19.9831
    5.0000   100.0000          0
    6.0000    46.0086      1.8183
    7.0000    38.2080     43.4518
支路电流 编号 幅值 角度
ib_disp =
```

1.0000	4.2718	−19.9831
2.0000	8.5436	160.0169
3.0000	4.7760	43.4518
4.0000	4.2718	−19.9831
5.0000	7.7011	−166.2930
6.0000	11.5021	1.8183
7.0000	4.7760	43.4518

支路功率 编号 有功 无功

pb_disp =

1.0000	364.9635	145.9854
2.0000	−364.9635	−145.9854
3.0000	0.0000	−182.4818
4.0000	36.4964	0
5.0000	−748.1752	182.4818
6.0000	529.1971	0
7.0000	182.4818	0

例 14　求图 9.42 电路中的电压和电流，设电源的角频率 $\omega = 1000$ rad/s，互感系数 $M = 0.1$ H。

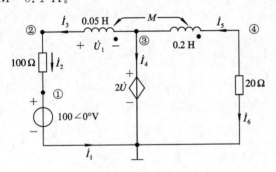

图 9.42　例 14 的电路　　　　图 9.43　例 14 的拓扑结构和元件值矩阵

解：先给电路各支路编号、各节点编号，列出电路的拓扑结构和元件值矩阵如图 9.43 所示。注意：该矩阵的第 6 列是专为互感设计的，存放互感系数。用 MATLAB 计算的程序如下：

```
top=[4 1 1 0 0 0
     1 2 2 1 0 0
     11 3 3 2 5 0.1
     9 4 3 0 3 0
     11 5 4 3 3 0.1
     1 6 4 0 0 0];
val=[100 100 0.05 −2 0.2 20];
acan(4,6,top,val,0,1000)
```

程序运行后，在命令窗口显示如下：

>> 节点电压 编号 幅值 角度

un_disp =

1.0000	100.0000	0
2.0000	83.2050	33.6901
3.0000	55.4700	33.6901
4.0000	0.0000	51.3402

支路电压 编号 幅值 角度

ub_ disp =

1.0000	100.0000	0
2.0000	55.4700	123.6901
3.0000	27.7350	−146.3099
4.0000	55.4700	33.6901
5.0000	55.4700	−146.3099
6.0000	0.0000	90.0000

支路电流 编号 幅值 角度

ib_ disp =

1.0000	0.5547	123.6901
2.0000	0.5547	123.6901
3.0000	0.5547	123.6901
4.0000	0.5547	−56.3099
5.0000	0	0
6.0000	0	0

支路功率 编号 有功 无功

pb_ disp =

1.0000	−30.7692	−46.1538
2.0000	30.7692	0.0000
3.0000	−0.0000	15.3846
4.0000	−0.0000	30.7692
5.0000	0	0
6.0000	0	0

三、实验内容

（1）用通用交流电路分析程序计算图 9.44 所示的电路。在电路中，两组对称三相负载接于 380 V 对称三相交流电源，星形负载每相为 10 Ω 的电阻，三角形负载每相阻抗为 $R=10\sqrt{3}$ Ω，$X_{\mathrm{L}}=10$ Ω。求 $U_{OM}=$？

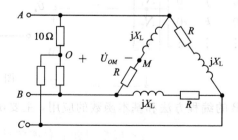

图 9.44　实验电路 1

```
w=2*pi*f;
Zc=-j./(w.*C);
H=Zc./(R+Zc);
subplot(2,1,1),plot(f,abs(H),'linewidth',2),
grid,xlabel('f(Hz)'),ylabel('幅频特性')
subplot(2,1,2),plot(f,angle(H)*180/pi,'linewidth',2),
grid,xlabel('f(Hz)'),ylabel('相频特性(度)')
n=max(find(abs(H)>0.707));
disp('截止频率'),fc=f(n),disp('幅值'),Hc=abs(H(n))
disp('相角'),Hp=angle(H(n))*180/pi
```

运行程序后绘制的幅频特性和相频特性如图 9.49 所示。在命令窗口显示结果为

\>\> 截止频率

fc =

　338.4772

幅值

Hc =

　0.7073

相角

Hp =

　-44.9873

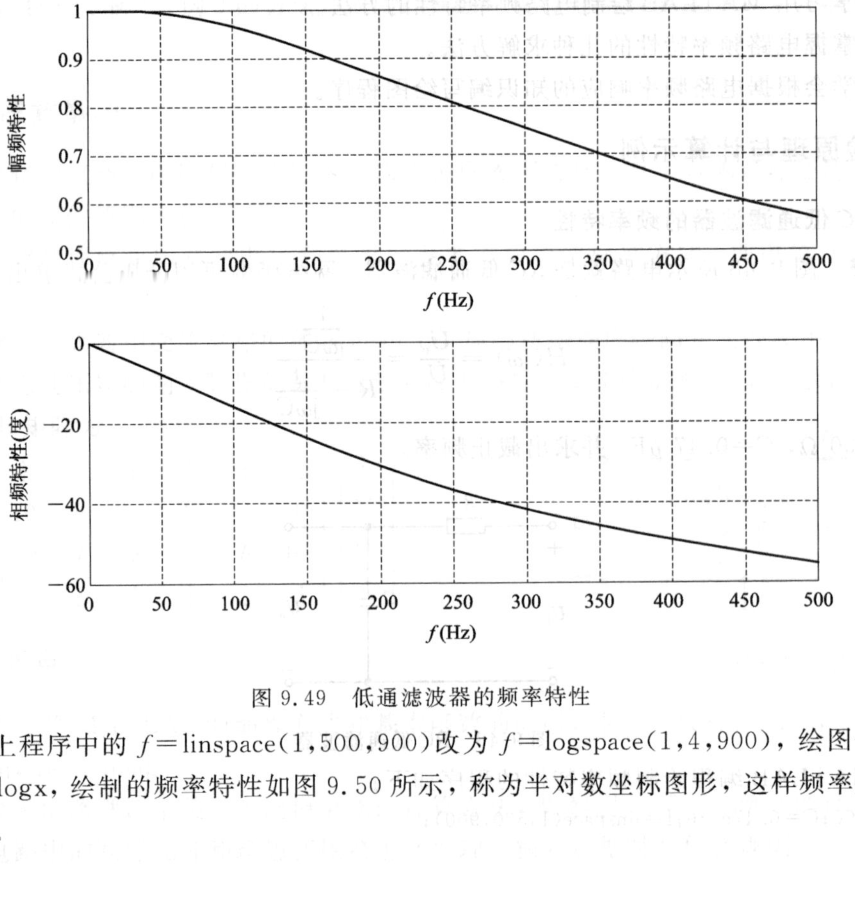

图 9.49　低通滤波器的频率特性

将以上程序中的 $f=\text{linspace}(1,500,900)$ 改为 $f=\text{logspace}(1,4,900)$，绘图命令 plot 改为 semilogx，绘制的频率特性如图 9.50 所示，称为半对数坐标图形，这样频率所取的范围就大些。

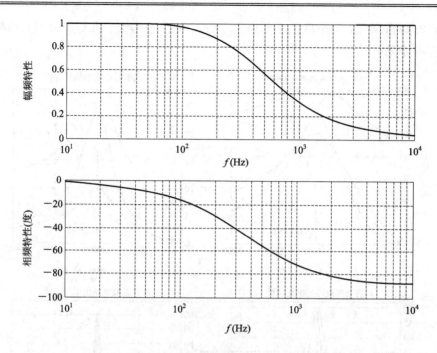

图 9.50　半对数坐标的频率特性

2. RLC 串联谐振电路的频率特性

例 16　RLC 串联谐振电路，设 $L=25$ mH，$C=10$ μF，电源电压 $U=10$ V。特性阻抗

$\rho=\sqrt{\dfrac{L}{C}}=500$ Ω，品质因数 $Q=\dfrac{\rho}{R}$，当 $R=40$、20、10、5 Ω 时，$Q=1.25$、2.5、5、10。

MATLAB 程序如下：

```
R=40;L=25 * 10^(-3);C=10 * 10^(-6);U=10;
w=linspace(0.01,4000,500);
Z=R+j. * (w. * L-1./w./C);
I=U./Z;Im=abs(I);
UR=I * R;URm=abs(UR);
UL=I * j. * w * L;ULm=abs(UL);
UC=I./w/C;UCm=abs(UC);
Q=sqrt(L/C)/R;Qz=strcat('\bfQ=',num2str(Q));
plot(w,URm,w,ULm,w,UCm,'linewidth',2)
xlabel('\omega(rad/s)'),ylabel('电压的幅值'),
title('串联谐振电路的幅频率特性')
gtext('\bf\fontname{Times New Roman}U_R')
gtext('\bf\fontname{Times New Roman}U_L')
gtext('\bf\fontname{Times New Roman}U_C')
gtext(Qz)
grid
```

程序运行后绘制的 U_R、U_L 和 U_C 的幅频特性曲线如图 9.51 所示。从图中幅频特性曲线可知，谐振频率 $\omega_0=2000$ rad/s 时，$U_L=U_C=QU$，但 U_L 和 U_C 的最大值并不出现在谐振频率处，当 Q 值增大，两个峰值频率向 ω_0 靠近，峰值也增大。当 $Q \geqslant 10$ 时，两峰值几乎重合于谐振频率处。

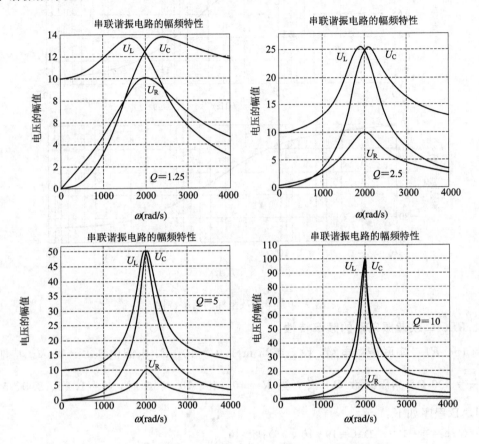

图 9.51　不同 Q 值的 RLC 串联电路的幅频特性

3. 借助双口网络参数计算电路的频率特性

对于较复杂的电路，可以借助双口网络的参数计算其网络函数，研究其频率特性。双口网络的传输参数，即 T 参数中的 A 定义为 $A = \left.\dfrac{\dot{U}_1}{\dot{U}_2}\right|_{\dot{I}_2=0}$，所以，网络函数为

$$H(j\omega) = \frac{\dot{U}_2}{\dot{U}_1} = \frac{1}{A}$$

于是，只要能求出 T 参数，网络函数也可以求得。

双口网络的四种参数可以互相转换，当求出某种参数后，可以将它转换成 T 参数，用 MATLAB 编写程序可以很方便地来实现双口网络四种参数之间的相互转换。下面编写了若干 MATLAB 函数来实现这种转换。如将 Z 参数转换为 T 参数为

```
function T＝z2t(Z)
% 将 Z 参数转换为 T 参数
format compact
format short g
T(1,1)＝Z(1,1)/Z(2,1);
```

T(1,2)＝det(Z)/Z(2,1);

T(2,1)＝1/Z(2,1);

T(2,2)＝Z(2,2)/Z(2,1);

disp('T 参数为')

将 Y 参数转换为 T 参数，编写函数为

function T＝y2t(Y)

％ 将 Y 参数转换为 T 参数

format compact

format short g

T(1,1)＝－Y(2,2)/Y(2,1);

T(1,2)＝－1/Y(2,1);

T(2,1)＝－det(Y)/Y(2,1);

T(2,2)＝－Y(1,1)/Y(2,1);

disp('T 参数为')

例 17　求如图 9.52 所示低通网络的频率特性。

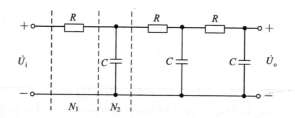

图 9.52　低通网络

　解：可以看成六个网络级联。

网络 N_1 的 T 矩阵为

$$T_1 = \begin{bmatrix} 1 & R \\ 0 & 1 \end{bmatrix}$$

网络 N_2 的 T 矩阵为

$$T_2 = \begin{bmatrix} 1 & 0 \\ \mathrm{j}\omega C & 1 \end{bmatrix}$$

六个网络级联后双口网络的 T 参数矩阵为

$$T = T_1 T_2 T_1 T_2 T_1 T_2$$

用 MATLAB 编程如下：

syms w

R＝1000;C＝0.47e－6;T1＝[1 R;0 1];T2＝[1 0;j＊w＊C 1];

T＝T1＊T2＊T1＊T2＊T1＊T2;

f＝logspace(1,4,900);

w＝2＊pi＊f;

T1＝1/T(1);

H＝subs(T1);Hm＝abs(H);H_p＝unwrap(angle(H)＊180/pi);

subplot(2,1,1),semilogx(f,Hm,'linewidth',2),

grid,xlabel('f(Hz)'),ylabel('幅频特性')

7941.2

幅值

Hc =

0.0010377

相角

Hp =

−89.941

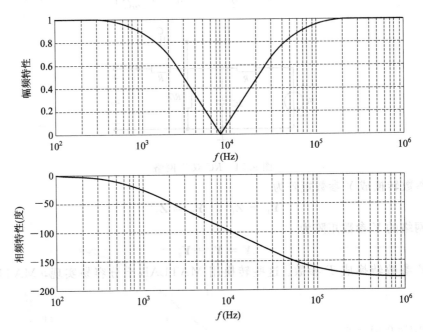

图 9.55　例 18 的幅频响应和相频响应

三、实验内容

（1）绘制如图 9.56 所示高通电路的频率特性，并计算截止频率。

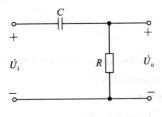

图 9.56　RC 高通滤波器

（2）研究 RLC 串联谐振电路的频率特性。

设 $L=25$ mH，$C=10$ μF，电源电压 $U=10$ V。特性阻抗 $\rho=\sqrt{\dfrac{L}{C}}=500$ Ω，品质因数 $Q=\dfrac{\rho}{R}$，当 $R=40$、20、10、5 Ω 时，$Q=1.25$、2.5、5、10。绘制电流 I/I_0 与频率 f 的幅频特性和相频特性，计算通频带 BW，观测通频带 BW 与品质因数 Q 的关系。

（3）绘制如图 9.57 所示电路的频率特性，并计算通频带 BW。

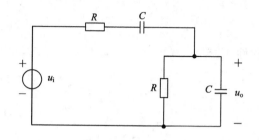

图 9.57　RC 串-并联电路

四、实验步骤和方法

（1）先分析电路的特点，选取计算网络函数的方法，是用阻抗串并联的方法，还是用双口网络参数的方法。

（2）打开编辑文本窗口，仿照例题编写计算程序。

（3）频率特性绘制时，横坐标（频率）有两种坐标选择，即线性坐标和对数坐标，可根据情况而定。

（4）对实验内容（3），可用阻抗串并联的方法和用双口网络参数的方法计算网络函数，检查用两种方法计算的结果是否一致。

五、实验注意事项

（1）例 15、例 16 所示程序采用的是阻抗串并联的方法计算网络函数，是数值计算方法，并且采用的是数组运算形式，即运算符号前有“.”。

（2）例 17 所示程序采用的是双口网络参数的方法计算网络函数，是符号计算方法，syms w 是定义符号变量。

（3）用 MATLAB 绘制频率特性时，频率范围的选择十分重要，要经过多次选择才能确定。

（4）在计算截止频率、通频带的上下频率时，为了计算准确，频率取样点应大些为好。

六、预习要点

（1）理解 MATLAB 的数值计算和符号计算。

（2）掌握 MATLAB 的绘图命令 plot、semilogx 的使用方法。

（3）掌握函数 find、subs、unwrap 的使用方法。

（4）熟悉电路分析中双口网络参数及互相转换的方法。

七、实验报告要求

（1）给出电路的频率特性的计算方法。

（2）用 MATLAB 编写程序。

（3）计算结果，绘制幅频特性和相频特性曲线。

（4）通过本次实验，总结、归纳 MATLAB 绘制频率特性的步骤和方法。

八、实验设备

(1) 计算机 1 台。

(2) MATLAB6.5 软件 1 套。

附录 A　函数信号发生器简介

　　EE1641B1 和 EE1641D 函数信号发生器具有连续信号、扫描信号、函数信号、脉冲信号等多种输出信号和外部测频功能，能直接产生正弦波、三角波、方波、锯齿波和脉冲波，且具有 VCF 输入控制功能，TTL/CMOS 与 OUTPUT 同步输出，直流电平可连续调节，频率计可作内部频率显示，也可作外测频率，电压用 LED 显示。

　　EE1641B1 和 EE1641D 函数信号发生器面板如图 A.1 所示。

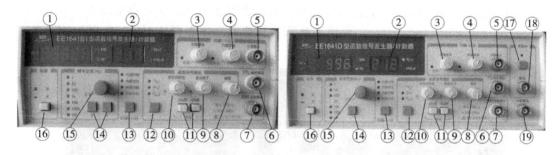

图 A.1　EE1641B1 和 EE1641D 函数信号发生器面板图

　　① 频率显示窗口：显示输出信号的频率或外测频信号的频率。

　　② 幅度显示窗口：显示函数输出信号的幅度。

　　③ 扫描宽度调节旋钮：调节此旋钮可以改变内扫描的时间长短。在外测频时，逆时针旋到底（绿灯亮），为外输入测量信号经过低通开关进入测量系统。

　　④ 速率调节旋钮：调节此旋钮可调节扫频输出的扫频范围。在外测频时，逆时针旋到底（绿灯亮），为外输入测量信号经过衰减"20 dB"进入测量系统。

　　⑤ 外部输入插座：当扫描/计数按钮⑬功能选择在外扫描状态或外测频功能时，外扫描控制信号或外测频信号由此输入。

　　⑥ TTL 信号输出插座：输同标准的 TTL 幅度的脉冲信号，输出阻抗为 600。

　　⑦ 函数信号输出插座：输出多种波形受控的函数信号，输出幅度 $20V_{p-p}$（1 MΩ 负载），$10V_{p-p}$（50 Ω 负载）。

　　⑧ 函数信号输出幅度调节旋钮：调节范围 20 dB。

　　⑨ 函数信号输出信号直流电平预置调节旋钮：调节范围为 −5 V～+5 V（50 Ω 负载），当电位器处在中心位置时，为 0 电平。

　　⑩ 输出波形，对称性调节旋钮：调节此旋钮可改变输出信号的对称性。当电位器处在中心位置时，输出对称信号。

　　⑪ 函数信号输出幅度衰减开关："20 dB"、"40 dB"键均不按下，输出信号不经衰减，

⑧ CH1(X)输入：CH1 的垂直输入端，在 X－Y 模式中，为 X 轴的信号输入端。

⑨㉑ VARIABLE：灵敏度微调控制，至少可调到显示值的 1/2.5。在 CAL 位置时，灵敏度即为挡位显示值。当此旋钮拉出时(×5 MAG 状态)，垂直放大器灵敏度增加 5 倍。

⑩⑱ AC－GND－DC：输入信号耦合选择按键组。

AC：垂直输入信号电容耦合，截止直流或极低频信号输入。

GND：按下此键则隔离信号输入，并将垂直衰减器输入端接地，使之产生一个零电压参考信号。

DC：垂直输入信号直流耦合，AC 与 DC 信号一齐输入放大器。

⑪ ⑲ ▲POSITION：轨迹及光点的垂直位置调整钮。
▼

⑫ ALT/CHOP：当在双轨迹模式下，放开此键，则 CH1＆CH2 以交替方式显示。(一般使用于较快速之水平扫描文件位)当在双轨迹模式下，按下此键，则 CH1＆CH2 以切割方式显示。(一般使用于较慢速之水平扫描文件位)。

⑬⑰ CH1＆CH2 DC BAL：调整垂直直流平衡点和 DC BAL 的调整。

⑭ VERT MODE：CH1 及 CH2 选择垂直操作模式。

CH1：设定本示波器以 CH1 单一频道方式工作。

CH2：设定本示波器以 CH2 单一频道方式工作。

DUAL：设定本示波器以 CH1 及 CH2 双频道方式工作，此时并可切换 ALT/CHOP 模式来显示两轨迹。

ADD：用以显示 CH1 及 CH2 的相加信号，当 CH2 INV 键 16 为压下状态时，即可显示 CH1 及 CH2 的相减信号。

⑮ GND：本示波器接地端。

⑯ CH2 INV：此键按下时，CH2 的信号将会被反向。CH2 输入信号于 ADD 模式时，CH2 触发截选信号(Trigger Signal Pickoff)亦会被反向。

⑳ CH2(Y)输入：CH2 的垂直输入端，在 X－Y 模式中，为 Y 轴的信号输入端。

㉓ SOURCE：内部触发源信号及外部 EXT TRIG. IN 输入信号选择器。

CH1：当 VERT MODE 选择器在 DUAL 或 ADD 位置时，以 CH1 输入端的信号作为内部触发源。

CH2：当 VERT MODE 选择器在 DUAL 或 ADD 位置时，以 CH2 输入端的信号作为内部触发源。

LINE：将 AC 电源线频率作为触发信号。

EXT：将 TRIG. IN 端子输入的信号作为外部触发信号源。

㉔ EXT TRIG. IN：TRIG. IN 输入端子，可输入外部触发信号。欲用此端子时，须先将 SOURCE 选择器置于 EXT 位置。

㉕ TRIGGER MODE：触发模式选择开关。

AUTO：当没有触发信号或触发信号的频率小于 25 Hz 时，扫描会自动产生。

NORM：当没有触发信号时，扫描将处于预备状态，屏幕上不会显示任何轨迹。本功能主要用于观察≤25 Hz 之信号。

TV－V：用于观测电视信号之垂直画面信号。

TV－H：用于观测电视信号之水平画面信号。

㉖ SLOPE：触发斜率选择键。

＋：凸起时为正斜率触发，当信号正向通过触发准位时进行触发。

－：压下时为负斜率触发，当信号负向通过触发准位时进行触发。

㉗ TRIG. ALT：触发源交替设定键，当 VERT MODE 选择器在 DUAL 或 ADD 位置，且 SOURCE 选择器置于 CH1 或 CH2 位置时，按下此键，会自动设定 CH1 与 CH2 的输入信号以交替方式轮流作为内部触发信号源。

㉘ LEVEL：触发准位调整钮，旋转此钮以同步波形，并设定该波形的起始点。将旋钮向"＋"方向旋转，触发准位会向上移；将旋钮向"－"方向旋转，则触发准位向下移。

㉙ TIME/DIV：扫描时间选择钮，扫描范围为 $0.2~\mu s/DIV \sim 0.5~\mu s/DIV$ 共 20 个挡位。X－Y：设定为 X－Y 模式。

㉚ SWP. VAR：扫描时间的可变控制旋钮，若按下 SWP. UNCAL 键，并旋转此控制钮，扫描时间可延长至少为指示数值的 2.5 倍；该键若未压下，则指示数值将被校准。

㉛ ×10 MAG：水平放大键，按下此键可将扫描放大 10 倍。

㉜ ◀POSITION▶：轨迹及光点的水平位置调整钮。

㉝ FILTER：滤光镜睛，可使波形易于观察。

B.2 TDS1002 型数字存储示波器

1. 概述

TDS1002 型数字存储示波器，具有 60 MHz 的可选带宽限制，每个通道都具有 1 GS/s 取样率和 2500D 点记录长度，光标具有读出功能，五项自动测量功能，带温度补偿和可更换高分辨率和高对比度的液晶显示，设置和波形的存储/调出，提供快速设置的自动设定功能，波形的平均值和峰值检测，数字式存储，双时基，视频触发功能，不同的持续显示时间，配备十种语言的用户接口，由用户自选。TDS1002 型数字存储示波器面板图见图 B.2。

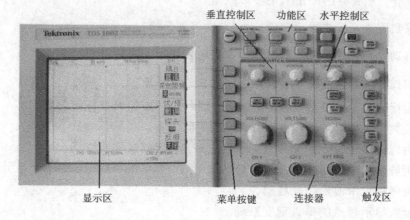

图 B.2 TDS1002 型数字存储示波器面板图

2. 显示区

TDS1002 型数字存储示波器的显示区如图 B.3 所示。显示区除了显示波形以外，还包括许多有关波形和仪器控制设定值的细节。根据图 B.3，每部分的说明如下。

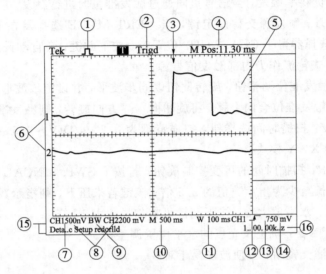

图 B.3　TDS1002 型数字存储示波器显示区图

① 显示图标表示采集模式。

⊓：取样模式；⊓：峰值检测模式；⊓：均值模式。

② 触发状态显示。

☐：已配备，示波器正在采集预触发数据，在此状态下忽略所有触发；

R：准备就绪，示波器已采集所有预触发数据并准备接受触发；

T：已触发，示波器已发现一个触发并正在采集触发后的数据；

●：停止，示波器已停止采集波形数据；

▇：采集完成，示波器已完成一个"单次序列"采集；

R：自动，示波器处于自动模式并在无触发状态下采集波形；

☐：扫描，在扫描模式下示波器连续采集并显示波形。

③ 使用标记显示水平触发位置，旋转"水平位置"旋钮调整标记位置。

④ 用读数显示中心刻度线的时间，触发时间为零。

⑤ 使用标记显示"边沿"脉冲宽度触发电平、选定的视频线或场。

⑥ 使用屏幕标记表明显示波形的接地参考点，如果没有标记，则不会显示通道。

⑦ 箭头图标表示波形是反相的。

⑧ 以读数显示通道的垂直刻度系统。

⑨ BW 图标表示通道是带宽限制的。

⑩ 以读数显示主时基设置。

⑪ 如使用窗口时基，以读数显示窗口时基设置。

⑫ 以读数显示触发使用的触发源。

⑬ 显示区域中将暂时显示"帮助向导"信息，采用图标显示以下选定的触发类型。

   ╱ ：上升沿的"边沿"触发；

   ╲ ：下降沿的"边沿"触发；

   ﹏ ：行同步的"视频"触发；

   ▂▅▂ ：场同步的"视频"触发；

   ∏ ："脉冲宽度"触发，正极性；

   ∐ ："脉冲宽度"触发，负极性。

⑭ 用读数表示"边沿"脉冲宽度触发电平。

⑮ 显示区有用信息，有用信息仅显示三秒钟。如果调出某个存储的波形，读数就显示基准波形的信息，如 RefS1.00V 500 μs。

⑯ 以读数显示触发频率。

3. 菜单系统的使用

TDS1002 型数字存储示波器的用户界面可使用户通过菜单结构简便地实现各项专门功能，按前面板的某一菜单按钮，则与之相应的菜单标题将显示在屏幕的右上方，菜单标题下可能有多达五个菜单项。使用每个菜单项右方的 BEZEL 按钮可改变菜单设置。共有四种类型的菜单项可共改变设置选择（如图 B.4 所示）

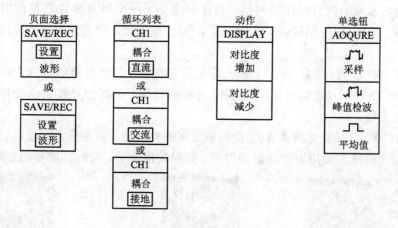

图 B.4 使用菜单系统

（1）页面选择：对于某些菜单，可使用顶端的选项按钮来选择两个或三个子菜单，每次按下顶端按钮时，选项都会随之改变。例如，按下"保存/调出"菜单内的顶端按钮，示波器将在"设置"和"波形"子菜单间进行切换。

（2）循环列表：每次按下选项按钮时，示波器都会将参数设定为不同的值。例如，可按下"CH1"菜单按钮，然后按下顶端的选项按钮在"垂直（通道）耦合"各选项间切换。

（3）动作：示波器显示按下"动作选项"。

（4）单选钮：示波器为每一选项使用不同的按钮，当前选择的选项被加亮显示。例如，当按下"采集菜单"按钮时，示波器会显示不同的采集模式选项，可按下相应的按钮。

4. 垂直控制系统

垂直控制系统如图 B.5 所示，说明如下。

(1) 光标 1 位置及光标 2 位置：可垂直定位波形。当光标被打开且光标菜单被显示时，这些旋钮用来定位光标。

(2) CH1 MENU(通道 1 菜单)、CH2 MENU(通道 2 菜单)：显示通道输入菜单并打开或关闭通道显示，选择输入耦合方式探头衰减比例。

(3) 伏/格(通道 1，通道 2)：选择已校正的标尺系数，即显示屏上纵坐标每分度所表示的电压伏度。

(4) MATH MENU(数字操作菜单)：显示波形数学操作菜单并可用来打开或关闭数学波形。

5. 水平控制系统

水平控制系统如图 B.6 所示，说明如下。

(1) 位置：调整所有通道的水平及数学波形，这个控制钮的解析度根据时基变化。

(2) 秒/格：为主时基或窗口时基选择水平标尺系数，即显示屏上水平坐标每分度所表示的时间值。当视窗扩展被允许时，改变秒/格旋钮将改变窗口时基位置。

6. 触发控制按钮

触发控制按钮如图 B.7 所示，说明如下。

(1) 电平：这个旋钮具有双重作用。作为边沿触发电平，它设定触发信号必须通过的振幅，以便进行获取；作为释抑控制钮，它设定接受下一个触发事件之前的时间值。调节该旋钮可改变 TRIGGER MENU(触发功能菜单)、显示触发功能菜单、可选择触发源及触发方式等。

(2) SET TO 50%(设为 50%)：触发电平设定在触发信号幅值的垂直中点。

(3) FORCE TRIG(强制触发)：不管是否有触发信号，都会直接启动获取，当采样停止时，此按钮无效。

(4) TRIG VIEW(触发源观察)：按住触发源观察钮后，屏幕显示触发源波形，取代通道原显示波形。该按钮可用来查看触发设置，如触发耦合等，对触发信号的影响。

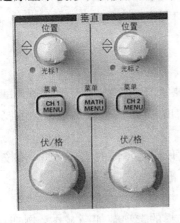  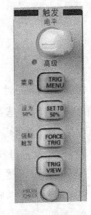

图 B.5　垂直控制系统　　　　图 B.6　水平控制系统　　　　图 B.7　触发控制图

7. 菜单和控制按钮

菜单和控制按钮如图 B.8 所示,说明如下。

(1) SAVE/RECALL(存储/调出):显示存储/调出功能菜单,用于仪器设置或波形的存储/调出。

(2) MEASURE(测量):显示自动测量功能菜单。

(3) ACQUIRE(采集):显示采集功能菜单,按此按钮来设定采集方式。

(4) DISPLAY(显示):显示功能菜单,按此按钮既可选择波形的显示方式和改变整个显示的对比度。

(5) CURSOR(光标):显示光标功能菜单,光标打开并且显示光标功能菜单时,垂直位置按钮调整光标位置,离开光标功能菜单后,光标仍保持显示(除非关),当不能调整。

(6) UTILITY(辅助功能):显示辅助功能菜单。

(7) AUTO SET(自动设定):自动设定仪器各项控制值,以产生适宜观察的输入信号显示。

(8) PRINT(打印):启动打印操作,需要带有 Centronics、RS-232 或 GPIB 端口的扩展模块。

(9) DEFAULT SETUP(默认设置):调出厂家设置。

(10) HELP(帮助):显示"帮助菜单"。

(11) SINGLE SEQ(单次序列):采集单个波形,然后停止。

(12) RUN/STOP(启动/停止):启动和停止波形获取。

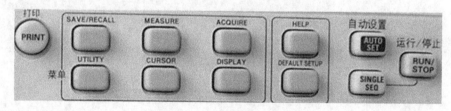

图 B.8 菜单和控制按钮

8. 探头连接器

探头连接器如图 B.9 所示,说明如下。

(1) 探头补偿:电压探头补偿的输出与地,用来调整探头与输入电路的匹配。

(2) CH1(通道 1)、CH2(通道 2):通道波形显示所需的输入连接器。

(3) EXT TRIG(外部触发):外部触发源所需的输入连接器,使用触发功能菜单来选择触发源。

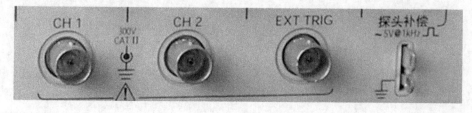

图 B.9 探头连接器

参 考 文 献

［1］　金波. 电路分析基础. 西安：西安电子科技大学出版社，2008

［2］　Robert L. Boylestad. Introductory Circuit Analysis. 9th edition. 影印版. 北京：高等教育出版社，2002

［3］　李瀚荪. 电路分析基础. 4 版. 北京：高等教育出版社，2006

［4］　邱关源. 电路. 4 版. 北京：高等教育出版社，1999

［5］　汪建. 电路实验. 武汉：华中科技大学出版社，2003

［6］　沈小丰. 电子线路实验：电路基础实验. 北京：清华大学出版社，2007

［7］　杨龙麟，刘忠中，唐伶俐. 电路与信号实验指导. 北京：人民邮电出版社，2004

［8］　杨风. 大学基础电路实验. 北京：国防工业出版社，2006

［9］　陈同占，吴北玲，等. 电路基础实验. 北京：北方交通大学出版社，2003

［10］　王吉英，等. 电路理论实验. 合肥：中国科技大学出版社，2005

［11］　陈怀琛，等. Matlab 在电子信息课程中的应用. 北京：电子工业出版社，2002